普通高等教育"十一五"国家级规划教材配套教材
山东省高等学校优秀教材一等奖配套教材
研究型教学模式系列教材

数据库技术及应用实验教程

蒋　彦　唐好魁　主编

闫明霞　李崇威　史桂娴
王　钦　朱连江　崔忠玲　编

马　涛　主审

電子工業出版社
Publishing House of Electronics Industry
北京 · BEIJING

内 容 简 介

本书是普通高等教育“十一五”国家级规划教材《数据库技术及应用（第2版）》的配套实验教材，主要分为3篇：第1篇介绍主流数据库管理系统，包括目前最流行的Microsoft SQL Server 2008和Oracle 10g的发展历史、版本、安装过程及简单使用；第2篇是实验，包括9个精选实验，实验内容与主教材内容对应（实验环境为SQL Server 2000）；第3篇是知识要点与习题，概述每章的知识要点，给出大量习题及参考答案，以及主教材习题的参考答案。

本书可作为高等学校非计算机专业的计算机基础课程教材，也可作为高职高专计算机相关专业教材及计算机等级考试参考书，还可供从事数据库开发的读者和计算机爱好者学习参考。

图书在版编目 (CIP) 数据

数据库技术及应用实验教程 / 蒋彦，唐好魁主编. —北京：电子工业出版社，2012.10
研究型教学模式系列教材
ISBN 978-7-121-18595-3

I. ①数… II. ①蒋… ②唐… III. ①数据库系统－高等学校－教材 IV. ①TP311.13

中国版本图书馆CIP数据核字（2012）第226663号

策划编辑：王羽佳
责任编辑：王羽佳　　　　特约编辑：王　崧
印　　刷：三河市鑫金马印装有限公司
装　　订：三河市鑫金马印装有限公司
出版发行：电子工业出版社
　　　　　北京市海淀区万寿路173信箱　　邮编：100036
开　　本：787×1092　1/16　印张：9.75　　字数：276千字
印　　次：2012年10月第1次印刷
定　　价：22.00元

凡所购买电子工业出版社图书有缺损问题，请向购买书店调换。若书店售缺，请与本社发行部联系，联系及邮购电话：(010)88254888。

质量投诉请发邮件至zlts@phei.com.cn，盗版侵权举报请发邮件至dbqq@phei.com.cn。

服务热线：(010)88258888。

出 版 说 明

“研究型教学模式系列教材”是计算机基础教育系列丛书，面向高等学校本科非计算机专业计算机教育。该丛书从编写、出版，使用至今，已经过去了 8 年，现在到了第 3 版。

计算机技术发展迅速、使用广泛，尤其计算机网络的普及，使得计算机基础教育也在随着时代的发展不断地调整。2009 年的第 2 版系列教材，我们适时地更新了计算机软件的版本，增加了一些实用的计算机知识和技术，同时为了更好的传播知识，调整了部分图书的章节次序，增添了许多实用案例。从 2 版出版又经过了 3 年的时光，高等学校的教育思想及计算机基础教学的理念都在发生变革，在这 3 年的教学实践中，我们也在不断地思考和探索。对于高等学校的本科学生而言，计算机不仅仅是学习、研究、工作和生活的工具，计算机科学的计算思维更可以使我们具备随时学习和更新使用计算机和学习相关知识的能力。

本次再版更新了计算机新技术和新趋势方面的内容，增加了使用较为广泛的计算机软件的介绍，同时每个知识模块的阐述和展示，更多地强调了计算机学科的计算思维和组织结构方面的内容，具体的操作实践和技术掌握与实验教学环节紧密联系。我们希望通过本套丛书使得非计算机专业的学生能够掌握计算机领域的基本知识，具备计算机知识的自学能力，能够在以后的学习、工作或研究中不断地补充新知识和新技能。

教材中还可能存在不足之处，竭诚欢迎广大读者和同行批评指正！

“研究型教学模式系列教材”编委会

“研究型教学模式系列教材”编委会

前　言

2007 年我们编写出版了本书的主教材——普通高等教育“十一五”国家级规划教材《数据库技术及应用》。该书出版以后，被多所高等学校选用作为教材，并被数十所高校选用作为主要教学参考书，同时各位同仁和广大读者提出了很多好的建议，并给予了较高的评价。根据多年来在教学过程中的实际感受，结合收集到的建议和意见，我们对第 1 版教材进行了修订，出版了《数据库技术及应用（第 2 版）》和《数据库技术及应用实验教程》。

本书包括 3 篇。

第 1 篇是“主流数据库介绍”，介绍 Microsoft SQL Server 2008 和 Oracle 10g 两种关系型数据库管理系统的发展历史、版本、安装过程及简单使用。Microsoft SQL Server 2008 推出了许多新的特性和关键的改进，使其成为迄今为止最强大、最全面的 Microsoft SQL Server 版本。Oracle 是美国 Oracle 公司（甲骨文）提供的以分布式数据库为核心的软件产品，是目前世界上使用最为广泛的数据库管理系统。

第 2 篇是“实验”，根据主教材的知识结构和内容，设计了 9 个实验，内容由简单到复杂，从最初的 SQL Server 软件的使用，到最后编写综合的 SQL 语句，循序渐进地练习编写 SQL 语句并上机调试。

第 3 篇是“知识要点与习题”，按主教材的章节，先概述了每章的知识要点，然后给出大量习题，包括选择题、填空题、简答题及综合题等，最后给出部分习题的参考答案。大部分习题是基础知识题，帮助读者巩固基础知识。部分习题的难度高于书中的例题，目的是使读者根据已学的内容，举一反三，学会根据已有知识，解决实际问题。希望初学者尽量多做习题，以提高程序设计水平。最后，本篇还给出了主教材习题的参考解答，供读者参考。

书中的全部代码均在 SQL Server 2000 中调试通过。本书中很多习题都很经典，提出并解决了很多常见的问题。完成这些习题，理解程序的思路，将有助于读者扩大眼界、丰富知识，学会如何解决实际问题。

应该指出，本书给出的解答并非唯一解答，甚至不一定是最佳解答，我们只是提出一种参考方案，读者完全可以想到更好的解决方案。希望读者能够充分利用本书提供的资源，掌握数据库技术及应用。

本书第 1 篇由王钦、朱连江编写，第 2 篇由闫明霞编写；第 3 篇由蒋彦、唐好魁、李崇威、史桂娴和崔忠玲编写。全书由蒋彦、唐好魁统稿。

在本书的编写过程中，得到了众多同仁的关心与支持。马涛教授对本书的整个编写过程进行了详尽指导，并详细审阅了书稿，提出了许多宝贵意见。李英俊、杜韬、张平、黄艺美、王卫峰、夏英杰等老师在百忙之中阅读了部分书稿，指出了原稿中的一些不当之处。同时，本书的编写参考了大量近年来出版的相关书籍及技术资料，吸取了许多专家和同仁的宝贵经验。在此一并表示衷心的感谢！

尽管我们付出了很多努力，但由于水平有限，书中难免出现错误或不妥之处，恳请同行专家及各位读者批评指正！

作　者

目　　录

第1篇　主流数据库介绍

第2篇　实　　验

第3篇　知识要点与习题

第 1 篇　主流数据库介绍

目前，绝大多数数据库管理系统都是关系型数据库管理系统，如 Microsoft SQL Server、Oracle、Sybase、DB/2、Access、OpenBase、Kingbase ES、DM、OSCAR 等都是关系型数据库管理系统。

SQL Server 最初是由 Microsoft、Sybase 和 Ashton-Tate 三家公司共同开发的，于 1988 年推出了第一个 OS/2 版本。在 Windows NT 推出后，Microsoft 与 Sybase 在 SQL Server 的开发上就分道扬镳了，Microsoft 将 SQL Server 移植到 Windows NT 系统上，专注于开发推广 SQL Server 的 Windows NT 版本。Sybase 则较专注于 SQL Server 在 UNIX 操作系统上的应用。Microsoft SQL Server 2008 是一个重大的产品版本，它推出了许多新的特性和关键的改进，使得它成为至今为止最强大和最全面的 Microsoft SQL Server 版本。

Oracle Database，又名 Oracle RDBMS，或简称 Oracle，是美国 Oracle 公司（甲骨文）提供的以分布式数据库为核心的一组软件产品，是目前最流行的客户/服务器模式（Client/Server，简称 C/S 模式）或浏览器/服务器模式（Browser/Server，简称 B/S 模式）的数据库之一。Oracle 数据库是目前世界上使用最为广泛的数据库管理系统，作为一个通用的数据库系统，它具有完整的数据管理功能；作为一个关系数据库，它是一个完备关系的产品；作为分布式数据库，它实现了分布式处理功能。但 Oracle 的所有知识，只要在一种机型上学习了，便能在各种类型的机器上使用它。

下面将简要介绍 Microsoft SQL Server 2008 和 Oracle 10g 两种关系型数据库管理系统的使用。

第1章　SQL Server 2008 入门

1.1　SQL Server 2008 简介

1.1.1　SQL Server 2008 发展历史

SQL Server 2008 起源于何处？我们从 SQL Server 的发展历史可以找到答案。说起它的历史，最早起源于 1987 年的 Sybase SQL Server。SQL Server 最初是由 Microsoft、Sybase 和 Ashton-Tate 三家公司共同开发的，1988 年，他们把该产品移植到 OS/2 上，此时诞生了 SQL Server 1.0。

后来 Aston-Tate 公司退出了该产品的开发。1992 年 3 月，Microsoft 公司发布了 Windows NT 版的 SQL Server 4.2，它是第一个真正由 Microsoft 公司和 Sybase 公司联合开发的产品。其中数据库引擎由 Sybase 公司完成，工具和数据库由 Microsoft 公司开发。

1994 年，Microsoft 公司和 Sybase 公司中止了联合开发协议，从此他们在 SQL Server 的开发方面分道扬镳。Microsoft 公司专注于 Windows NT 平台的 SQL Server 开发，而 Sybase 公司则致力于 UNIX 平台的 SQL Server 开发。

1995 年 6 月，Microsoft 公司发布了由其开发人员独立完成的 SQL Server 6.0。

1996 年，Microsoft 公司又推出了 SQL Server 6.5 版本。

1998 年 12 月，Microsoft 公司推出了具有“Sphinx”代号的 7.0 版，这一版本的代码几乎被重写了一遍，在数据存储和数据库引擎方面发生了根本性的变化。

2000 年 8 月，Microsoft 公司发布了代号为“Shiloh”的版本，即大家颇为熟悉的 SQL Server 2000，该版本添加了很多影响 SQL Server 扩展性的改进，如索引视图、联合数据库服务器，同时还有级联引用完整性等改进。该版本的出现使得 Microsoft 公司的企业数据库服务器最终成了市场的真正竞争者。

历时 5 年多的开发，Microsoft 公司发布了一个更加强大、更加激动人心的版本——人称“Oracle 杀手”、代号为“Yukon”的 SQL Server 2005。

2008 年 8 月，Microsoft 公司发布了 SQL Server 2008。SQL Server 2008 较 SQL Server 2005 有了大量改进，并推出了许多新功能，如丰富的报表功能、强大的数据分析能力及数据挖掘能力，支持异步数据应用、数据驱动事件通知等。SQL Server 2000 于 2008 年 4 月停止主流支持服务，大大推动了 SQL Server 2008 时代的真正到来！

1.1.2　SQL Server 2008 的版本

SQL Server 2008 有多个不同的版本，不同版本可用的功能差异很大，用户可根据工作站或服务器或不同的操作系统选择安装不同的版本。此外，SQL Server 版本从最低端的 SQL Express（速成版）到最高端的企业版，价格相差较大，从免费到最高每个处理器 20000 美元。

（1）SQL Server 精简版（32 位）

SQL 精简版是免费版本，作为嵌入式数据库，允许在移动设备或者 Windows 平台上安装该版本的数据库，支持相应的桌面应用程序。

（2）SQL Server 2008 速成版（32 位）

SQL 速成版也是免费版本，用于安装在笔记本或台式机中来支持分布式应用程序。速成版对于刚起步经营或者规模较小的企业来讲，是一个不错的选择，虽然是免费版本，但它已经包含相当多的功能。它含有图形化管理环境，而且可以支持 4 GB 的数据库。作为轻量级版本，它的安装不会占用太多的硬盘空间。

（3）SQL Server 2008 工作组版（32 位和 64 位）

该版本是价格最低的 SQL Server 商业版，适合于部门级和需要数据平台基本功能的小型企业或组织，可以较容易地升级到其他版本。它最多支持两个处理器和 4 GB 的 RAM（64 位），当时引入该版本时，目的是为了与一些低端数据库厂商竞争，它含有的功能可以满足大部分小公司的需求。

（4）SQL Server 2008 网络版（32 位和 64 位）

该版本适合 Web 站点所有者或面向 Web 环境和应用程序的低成本选择。最多可以支持 4 个处理器，对内存和数据库的大小没有限制。网络版有一些明确的原则和要求，如允许用于公共的 Web 应用程序、站点或者服务，而不允许用于商业应用程序等。

（5）SQL Server 2008 标准版（32 位和 64 位）

该版本适合于中小型企业和部门。它支持 SQL Server 2008 的绝大部分功能，所以它是很多组织和部门的理想数据库平台。该版本包含高可用性群集功能和商业智能功能。

（6）SQL Server 2008 企业版、评估版和开发人员版（32 位和 64 位）

企业版本是为满足大型企业的高难度需求而设计的，是功能最全的版本，当然价格也最高。在该版本中包含 SQL Server 2008 的所有功能，如并行操作、物理表分区、完整的商业智能和数据挖掘等。评估版和开发人员版具有企业版的所有特性，只是在部署方式上有所限制。开发人员版只能用于开发 SQL Server 应用程序，不能用于生产。评估版有 180 天的使用限制，不能用于生产或者开发应用程序。

1.1.3　SQL Server 2008 的主要功能

（1）数据库引擎服务。数据库引擎服务是一个高性能组件，负责有效地存储、检索以及操作关系型数据和 XML 格式的数据。数据库引擎服务使用户能够构建高性能的联机事务处理应用系统和支持联机分析处理。

（2）集成服务。SQL Server Integration Services（SSIS）的前身是数据转换服务（DTS）。作为 SQL Server 的 BI（商业智能）功能的一个组件，SSIS 包含有 ETL（提取、转换、装载）应用中的所有企业级功能，同时也允许机构搭建能够管理数据库、系统资源以及对数据库和系统事件做出响应，甚至与用户交互的应用程序。

（3）报表服务。SQL Server Reporting Services（SSRS）是一个向整个企业提供灵活的设计报表和分发数据的平台，其主要包含两个部件：报表服务器和报表设计器。

（4）分析服务。SQL Server Analysis Services（SSAS）为商业智能应用程序提供了联机分析处理（OLAP）和数据挖掘功能。它通过用户创建的多维数据结构，为用户提供了一个非常强大的环境来详细分析数据。SSAS 的开发缩短了在商业用户数据需求和 IT 提供数据能力之间的差距。

（5）高安全性。SQL Server 2008 包含一个极其强大和灵活的安全架构，可以确保数据和实例不受入侵。SQL Server 可以控制客户端程序用户身份认证的方式，强制要求只能使用 Windows 凭据或者允许使用 SQL Server 内置登录账户。SQL Server 可以对整个数据库、数据文件和日志文件进行加密，而不需要改动应用程序。

（6）服务代理。Services Broker 为创建异步的、松散耦合的应用程序提供了框架和服务。

（7）强大的复制功能。SQL Server 的分布式功能已经从维护多个只读副本，发展成能够进行整个数据库网络的数据更改，同时又能使复制引擎同步整个环境中的所有数据变化。

（8）高可用性。SQL Server 通过提供故障转移群集、数据库镜像、日志传送和复制技术来保证数据的高可用性。

1.1.4 SQL Server 2008 数据库和数据库文件

SQL Server 中的数据库有两种类型：系统数据库和用户数据库。系统数据库用于存储系统范围内的数据和元数据，该数据库较为重要，一般不允许用户随意修改，一旦被篡改或者破坏，有可能导致 SQL Server 不能启动。SQL Server 2008 自带 5 个系统数据库：master、model、msdb、tempdb 和 Resource。用户数据库是由用户创建的数据库，用于存储应用程序所使用的数据，用户可以根据自己的需求创建、修改或删除它。

Resource 数据库是一个隐藏的数据库，不能用查看数据库的正常方法查看该数据库。它包含 SQL Server 实例使用的所有系统对象，但是它不包含任何用户数据或元数据，只包含所有系统对象的结构和描述。每个实例只有一个 Resource 数据库。其他 4 个数据库与 SQL Server 2000 中一样，不再赘述。

用户数据库即样例数据库。和之前版本不同的是，SQL Server 2008 并未安装任何示例数据库，但有几个样例数据库被广泛使用，可以从微软开源站点下载，网址是 http://msftdbprodsamples.codeplex.com/。最常用的是 AdventureWorks 样例数据库，它是由 Microsoft 用户培训组创建的，是关于 Adventure Works Cycles 公司销售山地车等相关产品的数据库。

无论是系统数据库还是用户数据库，都是以文件类型存储的，数据库至少含有两个或多个数据库文件，一个是数据文件，另一个是事务日志文件。SQL Server 2008 中允许有 3 种类型的数据库文件：主数据文件，扩展名为.mdf；辅助数据文件，扩展名为.ndf；日志文件，扩展名为.idf。

1.2 SQL Server 2008 安装与配置

1.2.1 SQL Server 2008 的运行环境要求

Microsoft 公司对安装 SQL Server 2008 的要求较低，详见表 1-1，但此配置只够让 SQL Server 服务运行，且假定这台机器上未安装或运行其他服务。当我们真正使用 SQL Server 时会发现，SQL Server 非常耗费资源，它会占用很多内存和磁盘空间。因此配置越高，SQL Server 运行会越顺畅。

表 1-1 安装 SQL Server 2008 的硬件基本要求

组 件	基本配置要求
处理器	建议 1 GHz 或更高的 64 位或 32 位处理器
内存	不同版本对内存的要求不同，一般最小为 512 MB ，建议 2 GB 或更高
硬盘	磁盘空间要求将随所安装的 SQL Server 2008 组件的不同而发生变化：数据库引擎和数据文件、复制以及全文搜索需要 280 MB；Analysis Services 和数据文件需要 90 MB；Reporting Services 和报表管理器需要 120 MB；Integration Services 需要 120 MB；客户端组件需要 850 MB；SQL Server 联机丛书和 SQL Server Compact 联机丛书需要 240 MB
显示器	SQL Server 2008 图形工具需要使用 VGA 或更高分辨率：分辨率至少为 1024×768 像素
框架	SQL Server 安装程序安装该产品所需的软件组件： .NET Framework 3.5 SP1 SQL Server Native Client SQL Server 安装程序支持文件
驱动器	从磁盘进行安装程序时，需要相应的 CD 或 DVD 驱动器

除了上述硬件要求外，还有大量的软件要求。系统一致性检查器（SCC）会在安装 SQL Server 2008 时全面检查所有必备条件。另外，操作系统也是一个关键条件，表 1-2 描述了几个常用的 Windows 操作系统可以安装的 SQL Server 2008 版本。

表 1-2　安装版本与操作系统对应表

操作系统	速成版	工作组版	网络版	标准版	开发人员版	企业版
Windows XP SP2 Home	√				√	
Windows XP SP2 专业版	√	√	√	√	√	
Windows Server 2003 SP2 标准版或企业版	√	√	√	√	√	√
Windows Vista 企业版	√	√	√	√	√	
Windows 7 企业版或专业版	√	√		√	√	
Windows Server 2008 标准版或企业版	√	√	√	√	√	√

注意：32 位版本的 SQL Server 2008 既可以安装在 32 位的操作系统上，也可以安装在 64 位的操作系统上。64 位版本只能安装在 64 位的 Windows 操作系统上。

1.2.2　安装 SQL Server 2008 数据库

在安装 SQL Server 2008 之前，首先需要验证目标服务器的软/硬件配置是否满足安装的最低要求，如果有一项不满足，安装将可能被终止。另外，在启动安装进程前，要重启计算机，确保没有任何未完成的重启请求。安装步骤如下：

① 运行 SQL Server 2008 安装程序，出现如图 1-1 所示的“SQL Server 安装中心”窗口。

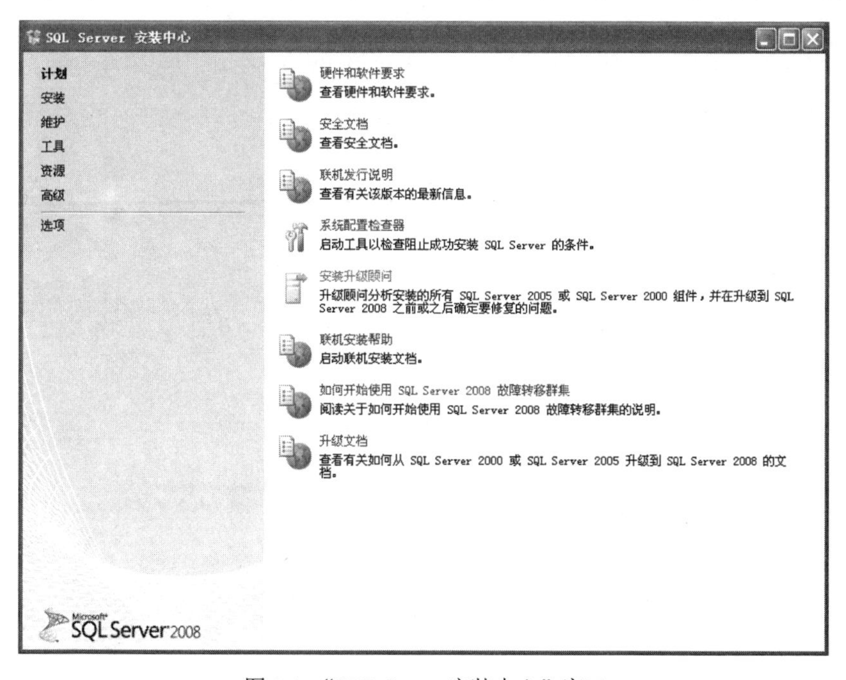

图 1-1　“SQL Server 安装中心”窗口

② 选择“安装”选项，打开如图 1-2 所示的 SQL Server 2008 安装面板。

③ 单击“全新 SQL Server 独立安装或向现有安装添加功能”，启动 SQL Server 2008 安装程序。若之前安装了 SQL Server 2000 或 2005，可以单击“从 SQL Server 2000 或 SQL Server 2005 升级”升级到 SQL Server 2008。安装程序将执行系统配置检查，这需要几分钟的时间，然后弹出一个窗口显示检查结果，如图 1-3 所示，单击“显示详细信息”可以看到详细检查结果。如果任何一个配置检查失败或者出现警告，都可能导致安装不成功，因此需要立即处理，然后再安装。

④ 单击“确定”按钮，打开如图 1-4 所示的“安装程序支持文件”对话框。

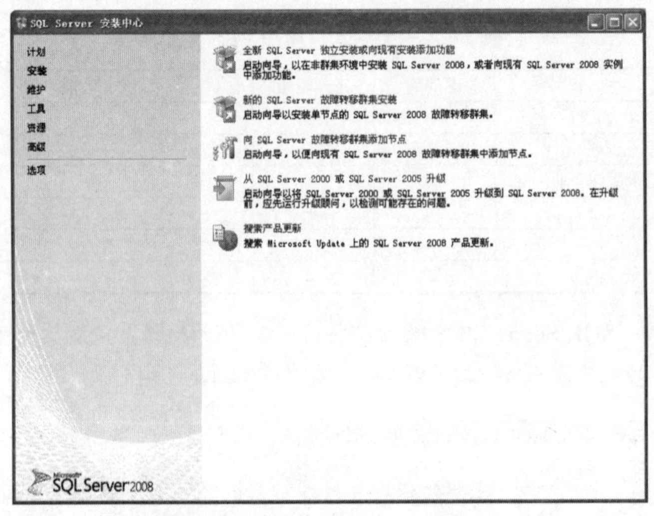

图 1-2　SQL Server 2008 安装面板

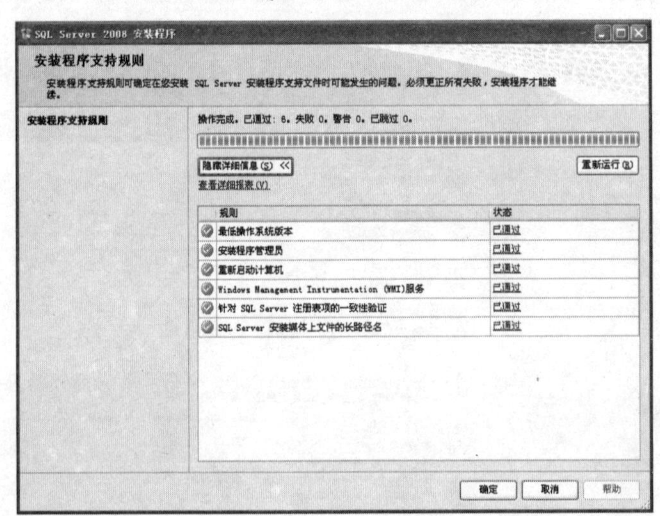

图 1-3　显示检查结果

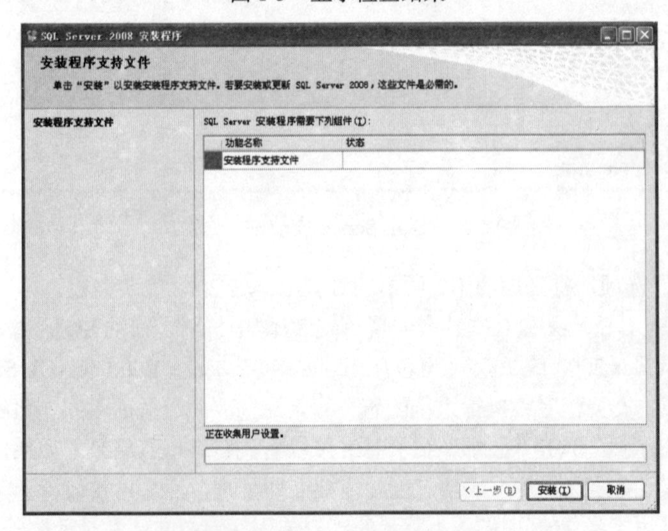

图 1-4　安装程序支持文件

⑤ 单击“安装”按钮，弹出一张报表，如图 1-5 所示，在这里可以看到一个警告，因为 SQL Server 的 Windows 防火墙端口未打开，它会阻止用户访问实例。不要忽略任何没有通过检查的内容，包括警告，否则可能只会得到一个部分成功的安装。

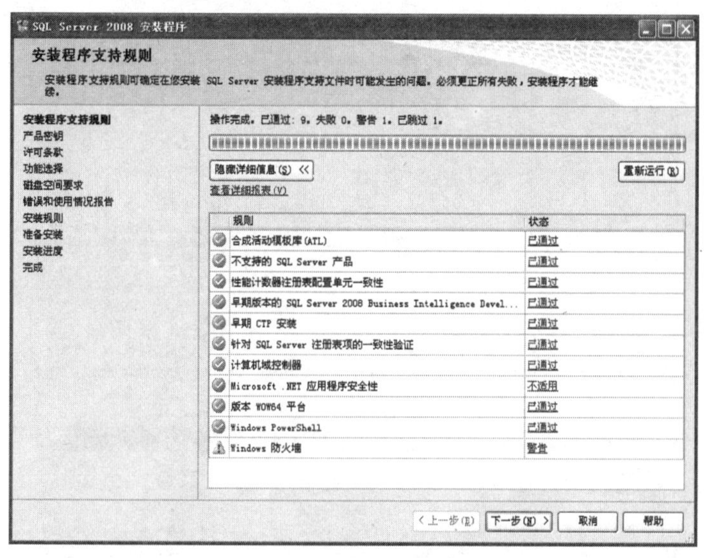

图 1-5　安装程序支持文件

⑥ 单击“下一步”按钮，弹出“产品密钥”窗口，如图 1-6 所示，在此处可以输入密钥以获取其中的一个注册版本，也可以选择免费版本，如 Enterprise Evaluation 版。

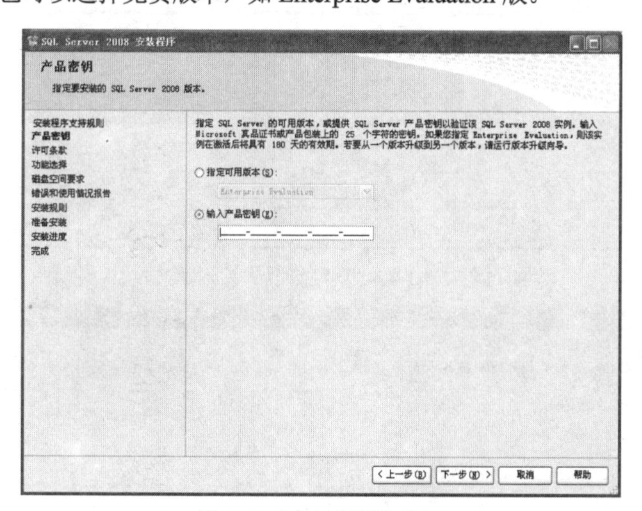

图 1-6 “产品密钥”窗口

⑦ 单击“下一步”按钮，弹出许可条款，如图 1-7 所示，显示 Microsoft 软件许可条款。

⑧ 选择“我接受许可条款”复选框，再单击“下一步”按钮，打开“功能选择”窗口，如图 1-8 所示，提示选择需要安装的功能，可根据自己的需求选择，不需要的组件不要安装，这样可以降低一定的资源消耗。

⑨ 单击“下一步”按钮，打开如图 1-9 所示的“实例配置”窗口。该窗口中有两个选项：“默认实例”和“命名实例”。如果是第一次安装 SQL Server，可以使用“默认实例”，如果已经安装了“默认实例”或“已命名实例”，在窗口底部会列出这些实例，此时需要指定新的命名实例。

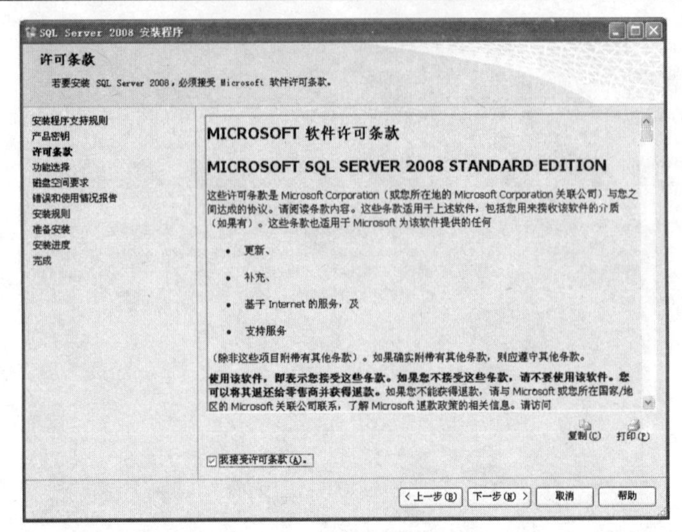

图 1-7 “许可条款”窗口

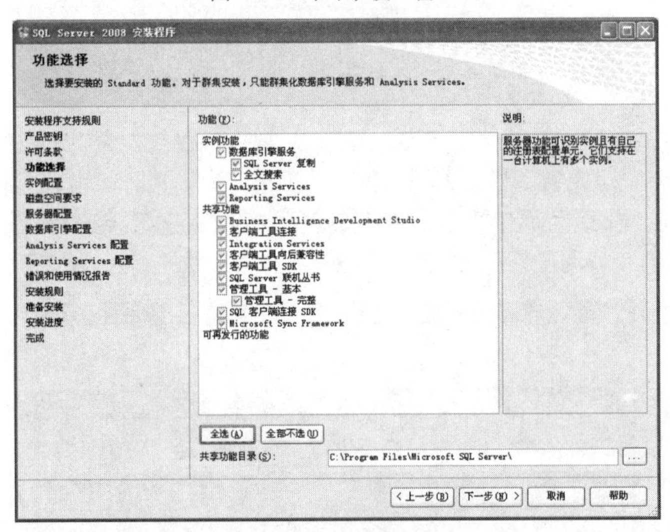

图 1-8 “功能选择”窗口

图 1-9 “实例配置”窗口

⑩ 单击“下一步”按钮，弹出“磁盘空间要求”窗口，如图 1-10 所示，提示需要 2.6 GB 的磁盘空间，如果没有足够的空间，这一步会弹出错误。

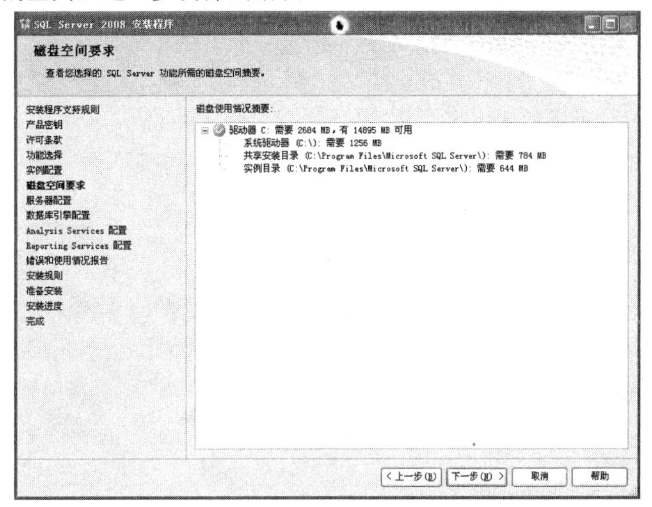

图 1-10 “磁盘空间要求”窗口

⑪ 单击“下一步”按钮，弹出“服务器配置”窗口，如图 1-11 所示。这一步需要从“我的电脑”账户管理中提前设置好账户信息，然后为每一种服务配置不同的账户及密码，并为每种服务选择启动模式。为了简单起见，一般为所有服务设置系统默认的同一个账户。排序规则通常默认即可。

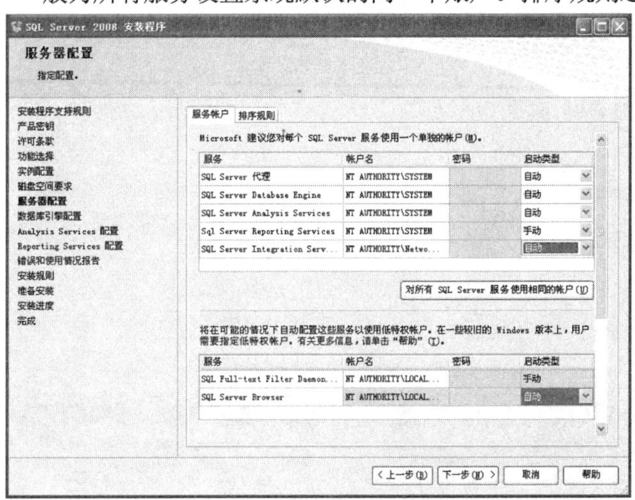

图 1-11 “服务器配置”窗口

⑫ 单击“下一步”按钮，弹出“数据库引擎配置”窗口，如图 1-12 所示。首先进行“账户设置”，如果选择默认的 Windows 身份验证模式，可以通过单击“添加当前用户”按钮把自己设置为管理员账户。此外，还可以单击“添加”按钮浏览账户目录并添加管理员用户和组，在进行下一步前，必须添加至少一位管理员用户。如果选择混合模式，必须输入系统管理员（sa）的登录密码，另外还需要在对话框的底部添加适当的 Windows 用户或组作为管理员。若想跳过这一步，就会弹出出错信息。“数据目录”选项卡允许为 SQL Server 中的所有数据定义默认路径，读者可以根据自己的需求在这一步改变数据文件的默认路径。“FILESTREAM”选项卡为 SQL Server 中的 FILESTREAM 存储选项提供了初始化配置。

⑬ 单击“下一步”按钮，弹出“Analysis Services 配置”窗口，如图 1-13 所示，该窗口包含账户设置和数据目录，和“数据库引擎配置”相类似，不再赘述。

⑭ 单击“下一步”按钮，弹出“Reporting Services 配置”窗口，如图 1-14 所示，该窗口用于设置报表服务配置，通常选择“安装本机模式默认配置”选项。

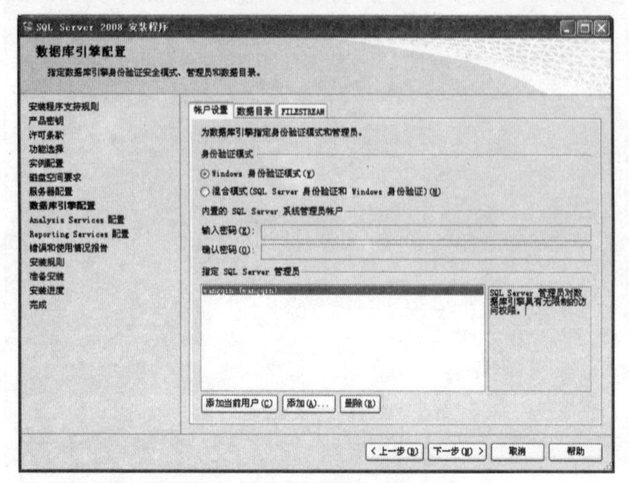

图 1-12 “数据库引擎配置”窗口

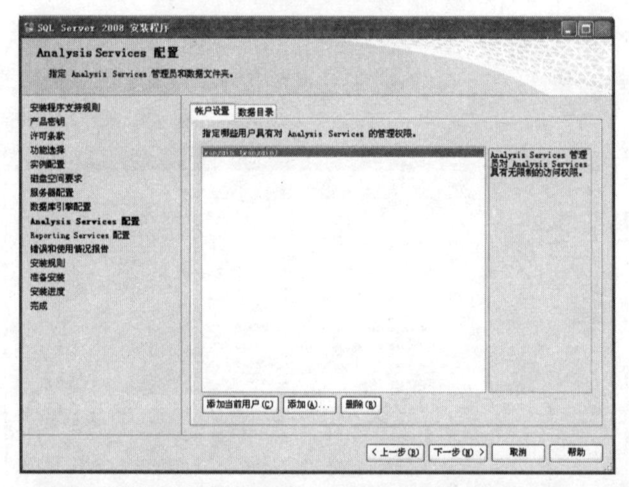

图 1-13 “Analysis Services 配置”窗口

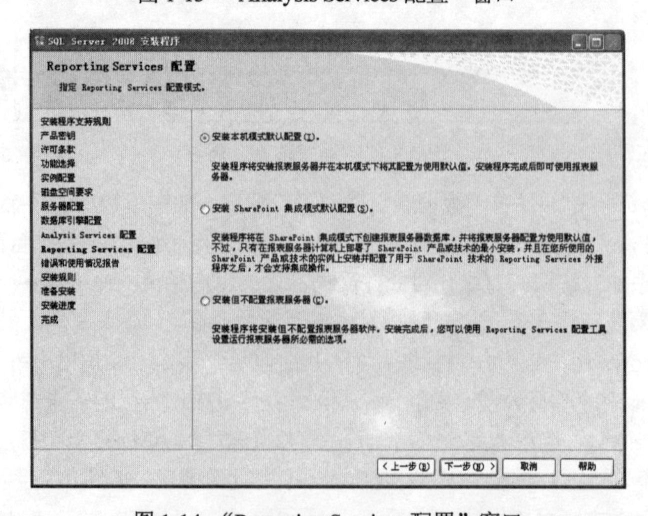

图 1-14 “Reporting Services 配置”窗口

⑮ 单击“下一步”按钮，弹出“错误和使用情况报告”窗口，如图 1-15 所示。

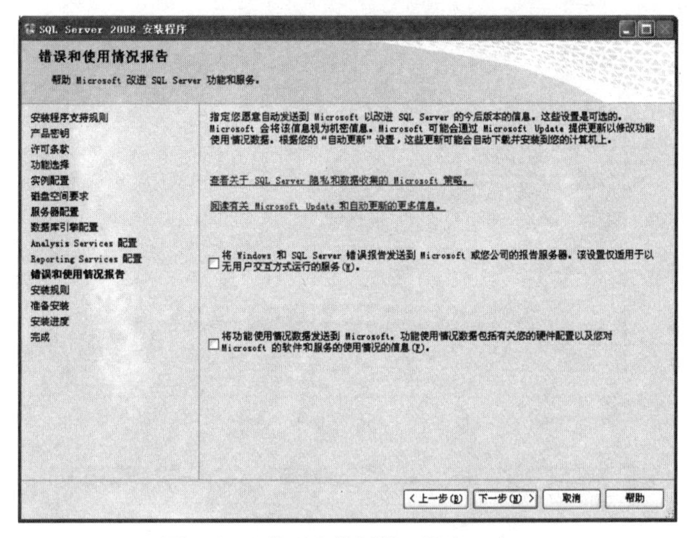

图 1-15 “错误和使用情况报告”窗口

⑯ 选择相应选项后，单击“下一步”按钮，弹出“安装规则”窗口，如图 1-16 所示。

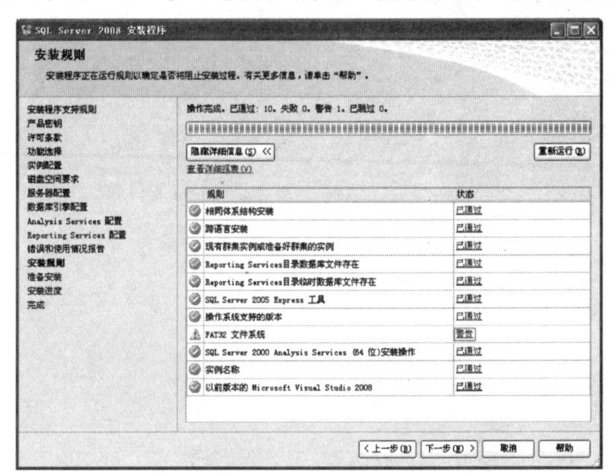

图 1-16 “安装规则”窗口

如果出现图 1-16 中“状态”栏中的“警告”，可以单击“警告”链接查看详细情况，如图 1-17 所示。

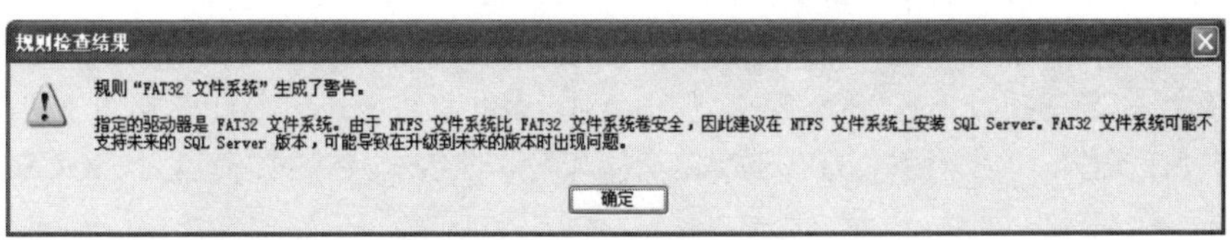

图 1-17　警告详细信息

⑰ 单击图 1-16 中的“下一步”按钮，弹出“准备安装”窗口，如图 1-18 所示。

⑱ 检查确认后单击“安装”按钮，SQL Server 为指定的各种选项启动安装程序，并显示进度报告。如果在安装过程中出现了任何问题，则应通过图 1-18 所示窗口查看详细信息。在安装失败或成功后，还可以在“完成”窗口上看到提取文件的链接，如图 1-19 所示。

至此，SQL Server 2008 的安装全部结束。

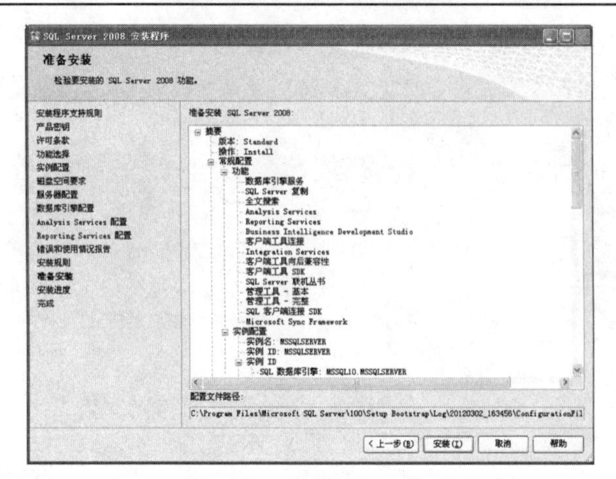

图 1-18 “准备安装”窗口

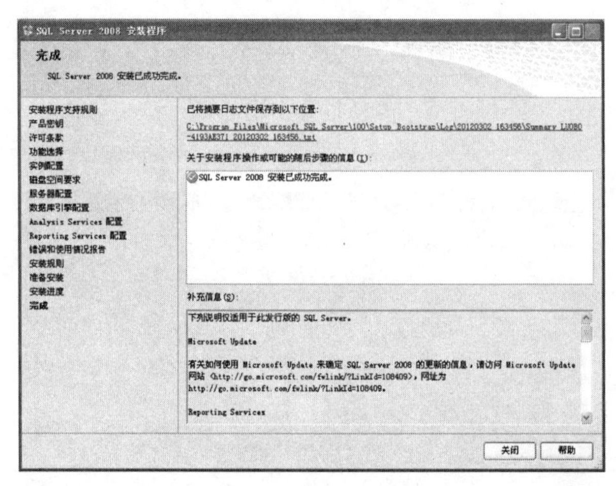

图 1-19 “完成”窗口

1.2.3 升级到 SQL Server 2008 数据库

将现有的 SQL Server 2000 或 SQL Server 2005 升级到 SQL Server 2008 有两种方法：就地升级和并行升级。在图 1-2 所示的安装界面中，单击“从 SQL Server 2000 或 SQL Server 2005 升级”，按提示操作，即可升级到 SQL Server 2008。

完成就地升级后，SQL Server 2000 或 2005 中的实例会被 SQL Server 2008 中的实例取代，SQL Server 2000 或 2005 中的原有二进制文件、服务和注册表项都会被删除。

并行升级允许安装 SQL Server 2008 实例，但不会对现有的 SQL Server 2000 或 2005 实例产生影响。该安装方式需要手工操作，可以采用备份和还原或者分离和附加的方法，将数据库迁移到 SQL Server 2008。

1.3 SQL Server 2008 的基本使用

1.3.1 SQL Server 2008 的常用工具

SQL Server 2008 带有多个工具，如 OSQL、SQLCMD、Tablediff、BCP、SQLdiag、Resource Governor、SQL Server Configuration Manager、SQL Server Management Studio 和 Database Mail。其中 SQL Server Configuration Manager 和 SQL Server Management Studio 是我们最常用到的，下面分别进行介绍。

SQL Server Configuration Manager 又称 SQL Server 配置管理器，主要负责管理数据库服务器的启动和重启、服务的启动方式以及用户登录身份的修改等任务。选择“开始”→“程序”→“Microsoft SQL Server 2008”→“配置工具”→“SQL Server 配置管理器”，打开其窗口，如图 1-20 所示。

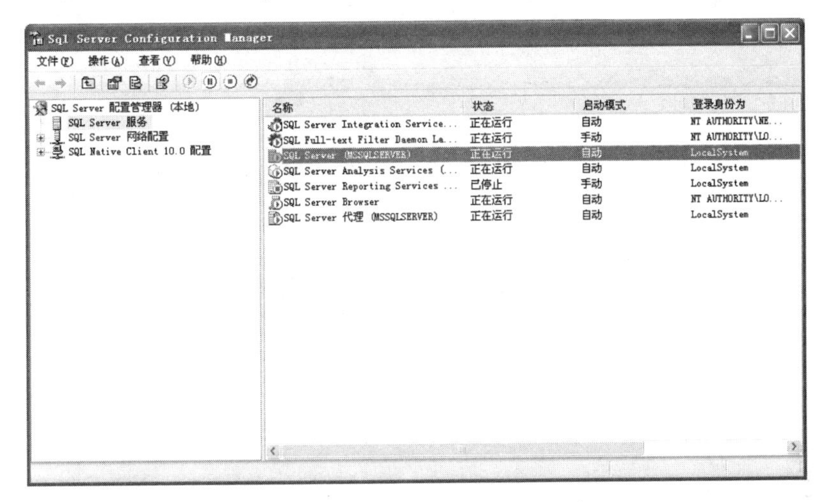

图 1-20　“SQL Server 配置管理器”窗口

若要设置某一个服务参数，可在该服务上单击右键，此时会出现暂停、停止、重新启动等选项，也可以单击“属性”选项，进行登录身份、服务参数的详细设置，如图 1-21 所示。

SQL Server Management Studio（SSMS）是主要的 SQL Server 客户端工具，它是从 SQL Server 2005 开始引进的，该工具取代了 SQL Server 2000 及之前版本的企业管理器和查询分析器等功能。选择“开始”→“程序”→“Microsoft SQL Server 2008”→“SQL Server Management Studio”，可以打开 SSMS。启动后出现“连接到服务器”对话框，如图 1-22 所示。

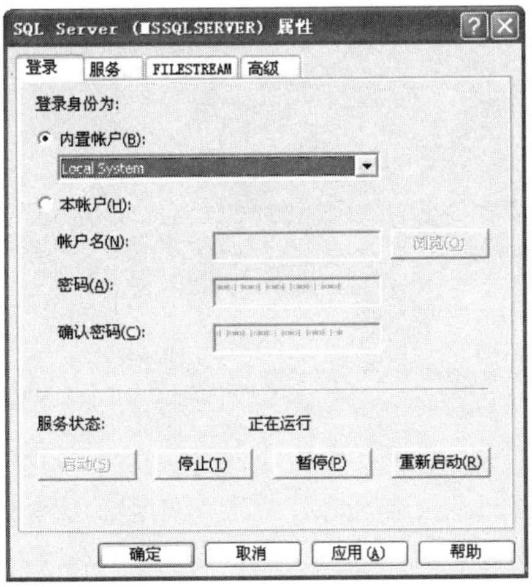

图 1-21　SQL Server 属性

图 1-22　“连接到服务器”对话框

选择服务器类型及服务器名称后，单击“连接”按钮，即可打开 SSMS 的主界面，如图 1-23 所示。

“对象资源管理器”窗口不仅可以浏览到服务器中的所有数据库对象，而且提供了对这些对象执行的几乎任何操作，如创建数据库、表和用户，配置复制和数据库快照等，它采用标准的树状结构。可以通过标题栏中的“向下”箭头和“图钉”箭头改变窗口状态。

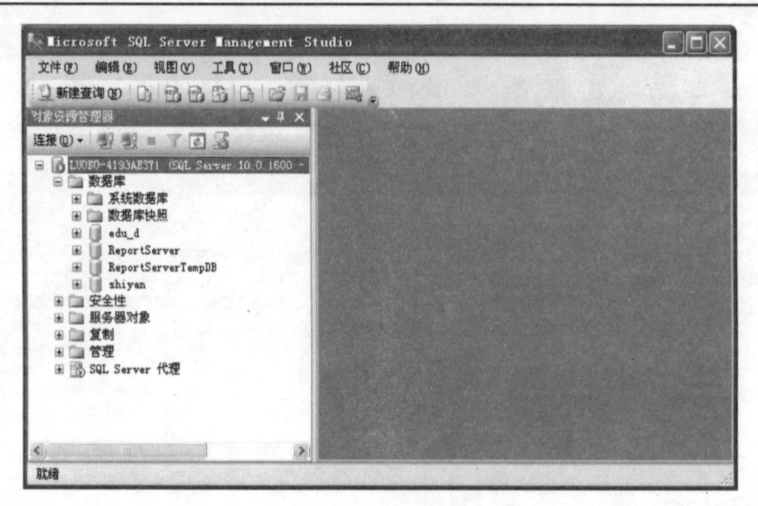

图 1-23 SSMS 主界面

另外，单击 SSMS 主界面菜单栏中的“工具”→“选项”，可以设置 SSMS 的环境参数，如图 1-24 所示。例如，单击“环境”→“常规”→“启动”时，默认选项是“打开对象资源管理器”，即启动 SSMS 时会出现如图 1-22 所示的“连接到服务器”对话框，如果在此处选择“打开空环境”，则启动时不会出现连接界面，而会打开 SSMS 后，手动进行连接操作。

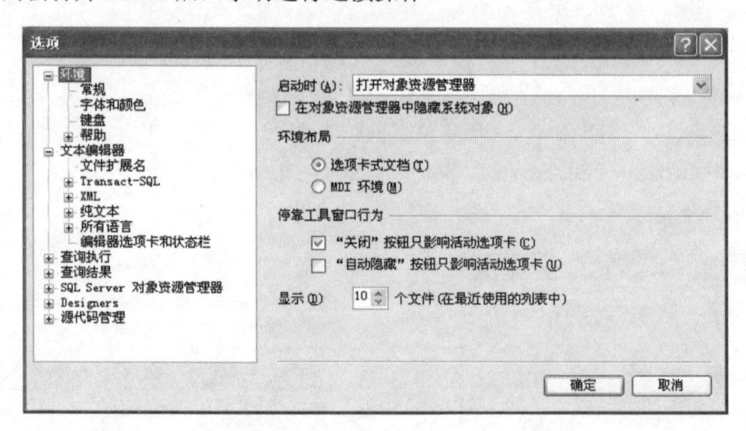

图 1-24 SSMS 环境参数设置界面

1.3.2 数据库的创建、分离及附加

1. 数据库的创建

数据库的创建一般有两种方法：通过 SQL Server Management Studio 工具来创建，或者采用 Transact-SQL 语法来创建。SSMS 工具以图形化的方式创建数据库，因此较为简单直观，其执行步骤如下：首先，打开 SQL Server Management Studio，连接到需要创建数据库的 SQL Server 数据库引擎；然后，右键单击“数据库”文件夹，选择“新建数据库”命令，出现如图 1-25 所示的窗口。

在“数据库名称”中输入新的数据库名，指定名称时，需要遵守命名规则，如以字母或下画线开头，后续字符可以是字母、数字及其他字符的组合，不能含有空格和特殊字符，不能是保留字，最多包含 128 个字符等。如果不符合命名规则，可能导致无法连接数据库等问题出现。

“所有者”字段采用“默认值”时，默认值指的是创建数据库时的登录用户，此处一般指定为 sa。

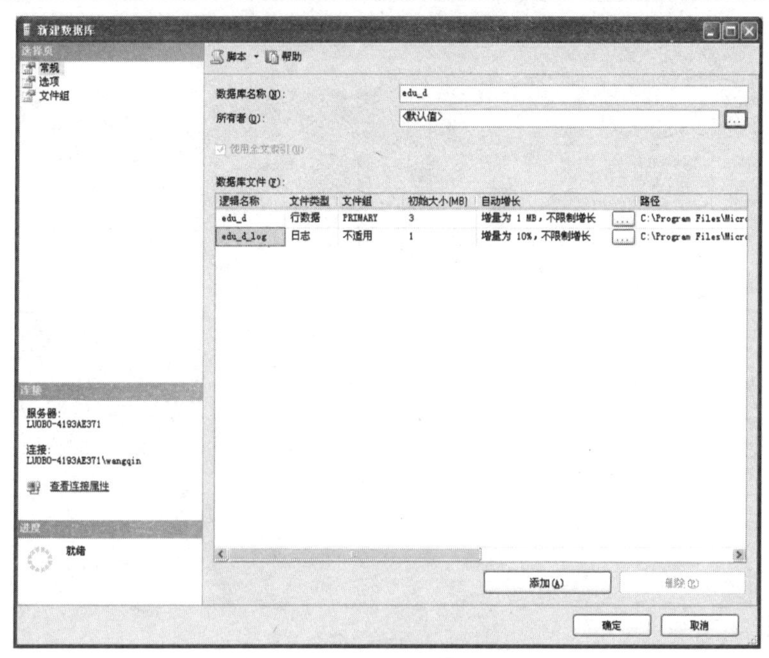

图 1-25 “新建数据库”窗口

当输入数据库名时，在“数据库文件”窗口会自动生成两个文件：一个是数据文件，一个是日志文件。文件的参数包括文件类型、设置文件所包含信息的初始大小、自动增长方式和存放路径等信息。单击“自动增长”右侧的省略号按钮，可设置文件“自动增长”和“最大文件大小”属性。自动增长通常设置一个较大的增长量，这样数据库就不会频繁增长，因为增长是一个高代价的过程。路径默认设置在同一目录下，通常不允许数据文件和日志文件在同一物理磁盘上，否则可能会使数据因为磁盘或者控制器出现故障而丢失。

单击“选择页”中的“选项”，会出现排序规则、恢复模式和其他选项，读者可以根据自己的需求进行选择或者修改。

2. 数据库的分离

分离数据库是指从实例中删除数据库项，删除 master 数据库到该数据库的关联，但不删除数据库和日志文件。一旦完成分离步骤，相关文件就会被复制到新的位置。以下情况不能进行分离操作：

（1）数据库为系统数据库；

（2）数据库正在复制过程中；

（3）数据库正在参与镜像过程；

（4）要分离的数据库快照已经被创建；

（5）数据库处于可疑模式。

分离数据库的具体步骤如下：启动 SQL Server Management Studio，在对象资源管理器中连接要分离数据库的服务器，右键单击需要分离的数据库，选择“任务”→“分离”，如图 1-26 所示。

在“分离数据库”对话框中，保留选项默认值，单击“确定”按钮。

3. 数据库的附加

数据库的附加是指在实例中附加一个新的数据库，添加这个数据库的相关关联。附加数据库的具体步骤如下：启动 SQL Server Management Studio，在对象资源管理器中连接数据库要附加到的服务器，右键单击“数据库”，选择“附加”，出现“附加数据库”窗口，如图 1-27 所示。

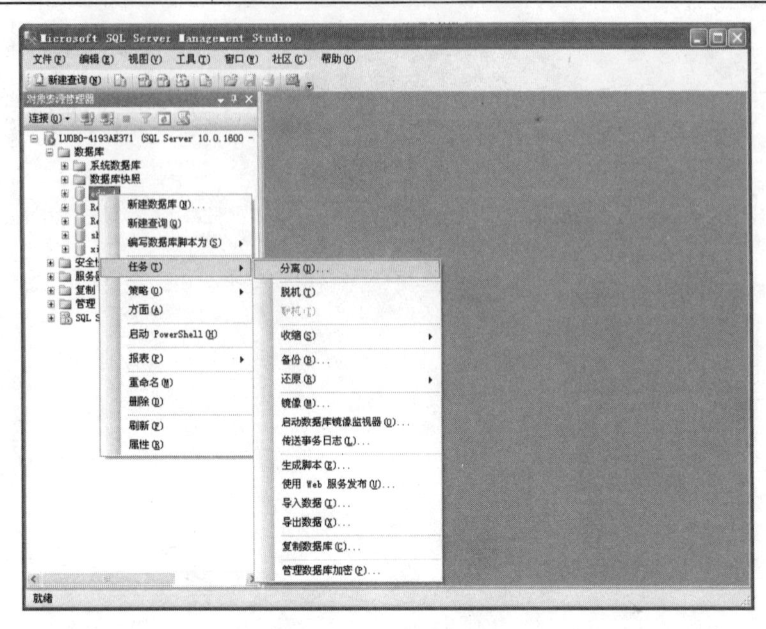

图 1-26 分离数据库菜单

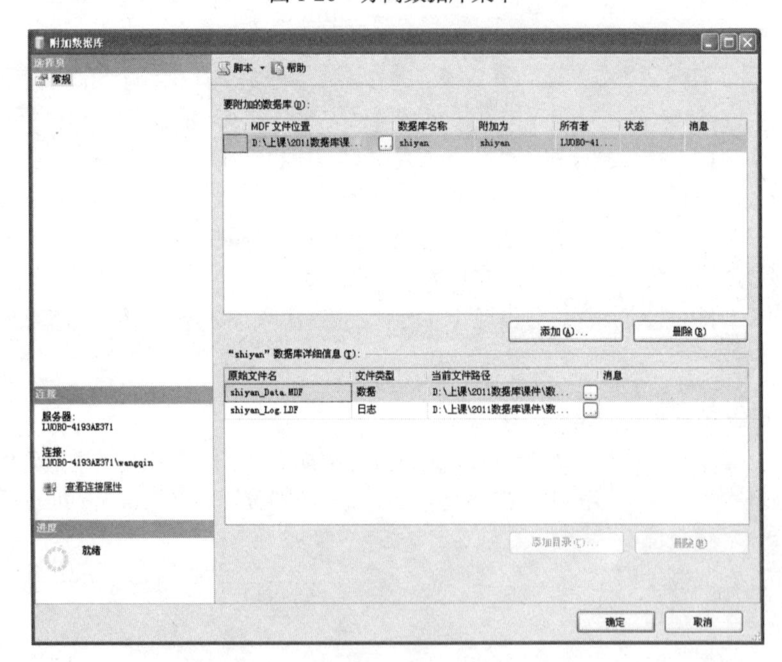

图 1-27 “附加数据库”窗口

单击“添加”按钮，选择要附加的数据库的主数据文件，即扩展名为.mdf 的文件，在对话框的下方会出现主数据文件及对应的日志文件，然后单击“确定”按钮，完成附加任务。

1.3.3 表的创建与查询

1. 表的创建

表是对数据进行存储和操作的一种逻辑结构，每个表对应一个关系实体，具有唯一的名称。表是由行和列组成的一个二维关系。创建表时分两步：首先创建每一列的名称、类型及相关属性，然后再添加行的相关数据信息，即每一条记录信息。表的创建一般有两种方法：通过 SQL Server Management Studio 工具来创建和采用 Transact-SQL 语法来创建。采用 Transact-SQL 语法方法可以参考主教材第 4 章的相关内容。下面着重介绍通过 SSMS 工具以图形化的方式创建表的方法，其执行步骤如下：打开 SQL Server Management Studio，连接到需要创建数据库的 SQL Server 数据库引擎，展开“数据库”文件夹，打开相关的数据库，右键单击“表”，在弹出的快捷菜单中单击“新建表”，弹出如图 1-28 所示的创建表界面。

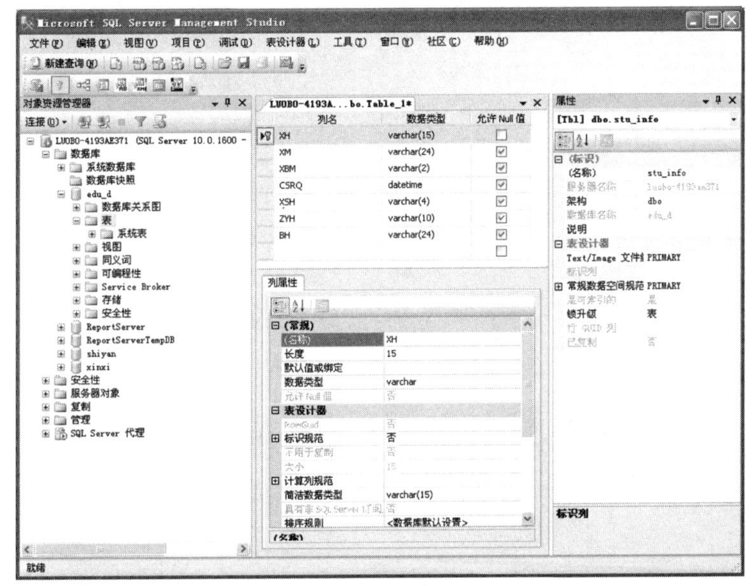

图 1-28　创建表界面

在该窗口的中部，上面部分定义每一列的列名、列的数据类型、是否可以为空等相关信息。下面部分为“列属性”窗口，它用来定义当前选定列的相关属性参数，如排序规则、标识、是否允许为空等。右侧部分为“属性”窗口，用来定义表的属性，如表名、隶属的数据库名等相关信息。表的创建除了设置每列属性信息外，还需要设置相关约束，如设置主键、唯一性、CHECK、默认值以及外键等，需要通过“表设计器”菜单中的相关选项进行设置。

下面举例说明如何建立如表 1-3、表 1-4 和表 1-5 所示的 S 表、P 表和 PS 表，3 个数据表的具体设计要求和创建方法如下。

表 1-3　S 表

SNO	SNAME	STATUS	CITY
S1	精益	10	天津
S2	盛锡	10	北京
S3	东方红	10	北京
S4	丰泰盛	20	天津
S5	为民	10	上海

表 1-4　P 表

PNO	PNAME	COLOR	WEIGHT
1	螺母	红	12
2	螺栓	绿	17
3	螺丝刀	蓝	14
4	凸轮	红	20
5	齿轮	蓝	30
6	螺丝刀	红	14

在表 1-3 中，SNO 代表供应商号，SNAME 代表供应商名，STATUS 代表供应商状态，CITY 代表供应商所在城市。要求：设置 SNO 为主键，供应商姓名和供应商所在城市不允许为空，供应商姓名唯一，供应商状态默认值为 10。

在表 1-4 中，PNO 代表零件号，PNAME 代表零件名，COLOR 代表零件颜色，WEIGHT 代表零件重量。要求：设置 PNO 为标识列，WEIGHT 的值为 10～30，主键是 PNO。

表 1-5 PS 表

SNO	PNO	QTY	PRICE	TOTAL
S1	1	200	0.5	
S1	2	100	0.8	
S2	3	700	2	
S3	1	400	0.5	
S4	3	300	0.8	
s5	3	100	2	

在表 1-5 中，QTY 代表数量，PRICE 代表价格，TOTAL 代表总价。要求主键为（SNO，PNO），SNO、PNO 为外键，TOTAL 由公式计算列得出对应值。

首先创建 S 表，输入每一列的列名，并选择合适的数据类型。设置 SNO 为主键的方法：在 SNO 行上单击鼠标右键，然后选择“设为主键”。

“供应商默认值为 10”，即当 STATUS 列不输入任何数值时，默认为“10”，选中 STATUS 行，在列属性窗口中选择“常规”→“默认值或绑定”，在右侧单元格中输入“(10)”，如图 1-29 所示。

“供应商姓名唯一”即设置唯一性约束，打开菜单栏的“表设计器”→“索引/键”，弹出“索引/键”对话框，如图 1-30 所示，单击“添加”按钮，在对话框右侧的“常规”选项中，将“类型”选择为“唯一键”，单击“列”选项右边单元格右侧的按钮，将其选为“SNAME”。

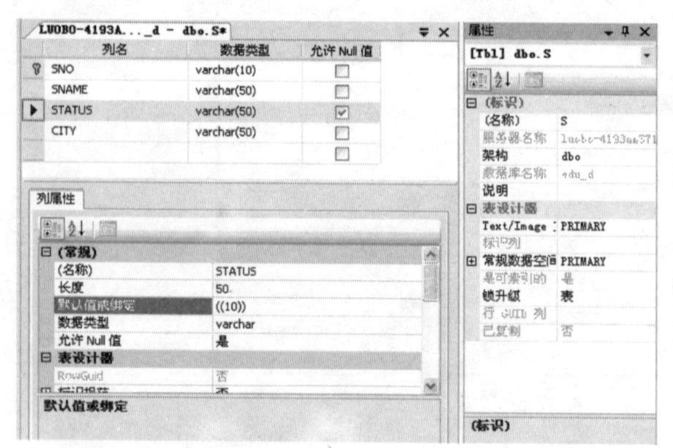

图 1-29 默认值设置

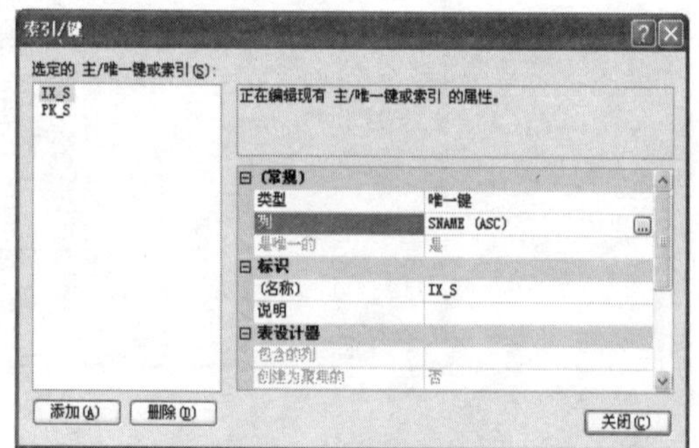

图 1-30 唯一键设置

创建 P 表后，设置 PNO 为标识列，首先选择 PNO 行，在下侧的列属性窗口展开“标识规范”，“标识种子”即第一行开始的数值，设置为“1”，“标识增量”即每行增加的数值，设置为“1”，具体设置如图 1-31 所示。

P 表中要求 WEIGHT 值为 10～30，即设置 CHECK 约束。打开菜单“表设计器”→“CHECK 约束”，弹出“CHECK 约束”对话框，如图 1-32 所示，单击“添加”按钮，然后单击“常规”选项中的“表达式”的右侧按钮，出现“CHECK 约束表达式”对话框，输入表达式，如图 1-33 所示。

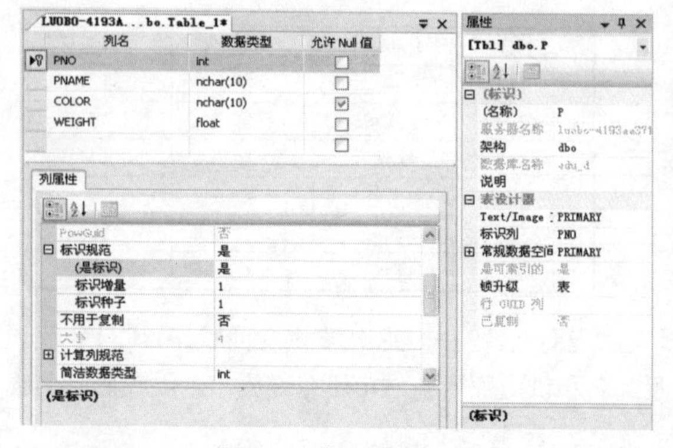

图 1-31 标识设置

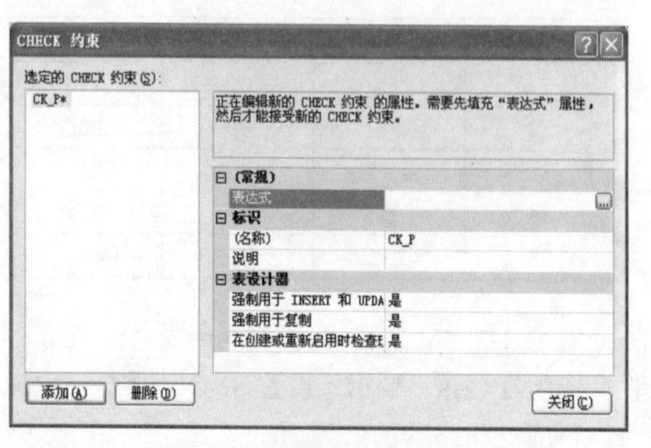

图 1-32 “CHECK 约束”对话框

创建 PS 表，要求主键为（SNO, PNO），SNO、PNO 为外键。设置主键（SNO, PNO）时，同时选中SNO和PNO两行，然后单击鼠标右键，从弹出的菜单中选择“设为主键”。外键的设置方法为：选择“表设计器”→“关系”，单击“添加”按钮，展开“常规”→“表和列规范”，单击对应单元格右侧的按钮，弹出“表和列”对话框，如图1-34所示，默认的关系名可以任意修改，选择对应的主键表和外键表及其对应的列。

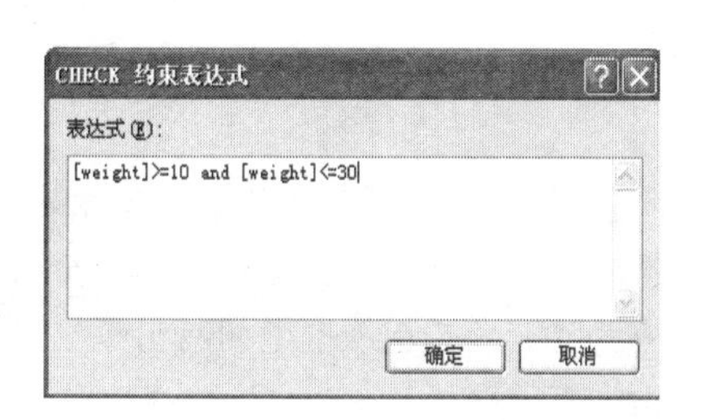

图1-33 “CHECK约束表达式”对话框

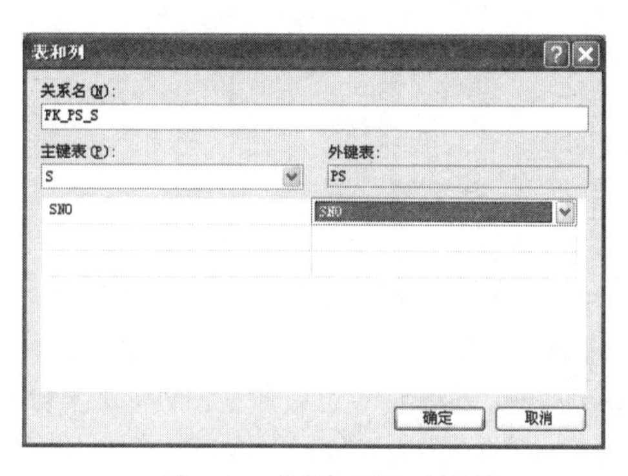

图1-34 “表和列”对话框

PS表中要求TOTAL列由公式计算列得出对应值，选中TOTAL列，展开“列属性”中的“计算列规范”，在“公式”单元格中输入对应的公式表达式，如图1-35所示。输入完毕后，TOTAL列的数据类型会自动设为空。

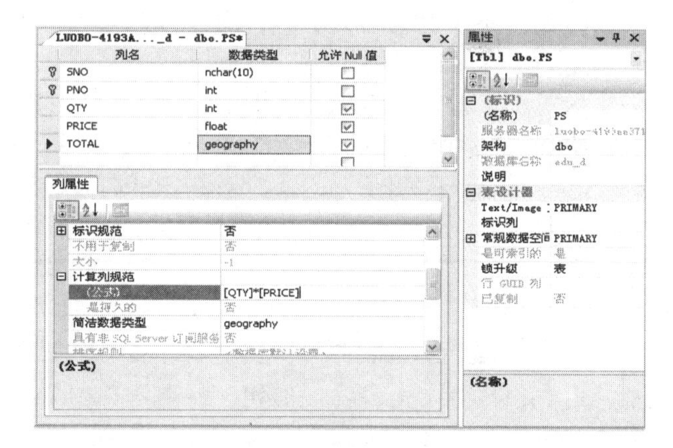

图1-35 计算列界面

2．表的查询

前面介绍过，SSMS是集2005之前版本的企业管理器和查询分析器功能于一体的工具，因此表的查询从该界面中即可实现。单击工具栏的“新建查询”图标，出现如图1-36所示“表的查询”窗口。从查询窗口输入查询语句后，单击工具栏上的“执行”按钮即可，演示结果在下方的“结果”窗口显示。具体SQL查询语句可以参考主教材，在此不再赘述。

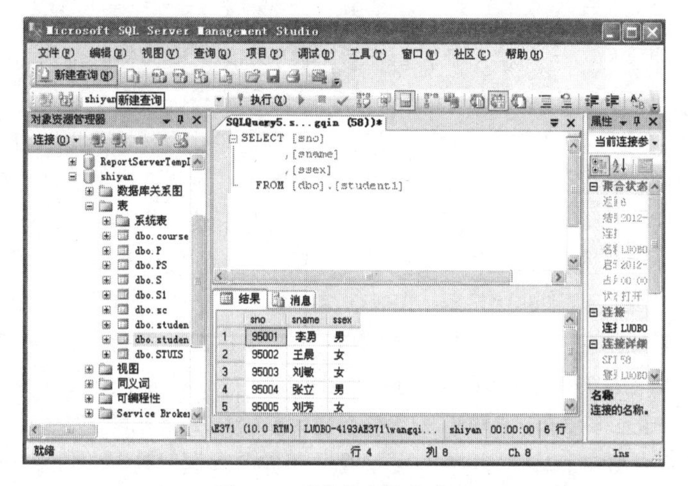

图1-36 “表的查询”窗口

第2章　Oracle 10g入门

2.1　Oracle简介

2.1.1　Oracle版本发展

1970年6月，IBM公司研究员埃德加·考特（E. F. Codd）在美国计算机学会会刊《*Communications of the ACM*》上发表了著名的“大型共享数据库数据的关系模型”（*A Relational Model of Data for Large Shared Data Banks*）一文，成为数据库发展史上的转折点，因为当时还是层次模型和网状模型的数据库产品在市场上占主要位置。这篇论文的发表拉开了关系型数据库的序幕。

1977年，Larry Ellison、Bob Miner和Ed Oates三人共同创建了软件开发实验室，且受到E. F. Codd文章的启发，开始构建可以商用的关系型数据库管理系统（Relational Database System）。很快，他们就创建了一个产品，并将其命名为Oracle。

1979年，软件开发实验室更名为关系软件公司（Relational Software Inc，RSI）。同年RSI开发出第一款商用的SQL数据库，出于市场策略，公司宣称这是该产品的第2版，但却是实际上的第1版。

1983年，为了突出公司的核心产品，RSI公司更名为Oracle公司。

1983年3月，RSI公司发布了Oracle第3版。短短的几年之后，Oracle数据库被移植到各主要平台之上。

1984年10月，Oracle公司发布了第4版产品。产品的稳定性得到了一定的增强。该版本增加了读一致性（Read Consistency），这是数据库的一个关键特性，可以确保用户在查询期间看到一致的数据。也就是说，当一个会话正在修改数据时，其他的会话将看不到该会话未提交的修改。

1985年，Oracle公司发布了Oracle 5。这一版本算得上是Oracle数据库的稳定版本，也是首批可以在客户/服务器模式下运行的RDBMS产品。

1988年，Oracle公司发布了Oracle 6。由于过去版本性能上的欠缺，Miner带领工程师重新改写了数据库的核心，引入了行级锁（row-level locking）这个重要的特性。也就是说，执行写入的事务处理只锁定受影响的行，而不是整个表。这一版本引入了还算不上完善的PL/SQL（Procedural Language extension to SQL）语言，还引入了联机热备份功能，使数据库能够在使用过程中创建联机的备份，这极大地增强了可用性。同时，在这一年，Oracle公司开始研发ERP软件。

Oracle 7直到1992年6月才被推出，这一次公司吸取了第6版匆忙上市的教训，听取了用户的多方面的建议，并集中力量对新版本进行了大量而细致的测试。该版本增加了许多新的性能特性：分布式事务处理功能、增强的管理功能、用于应用程序开发的新工具以及安全性方法。Oracle 7还包含了一些新功能，如存储过程、触发过程和说明性引用完整性等，并使得数据库真正具有了可编程能力。另外，这一版本在原有基于规则的优化器（RBO）之外引入了一种新的优化器——基于开销的优化器（Cost-Based Optimizer，CBO）。CBO根据数据库自身对对象的统计来计算语句的执行开销，从而得出具体的语句执行计划。Oracle 7是Oracle公司真正出色的产品，取得了巨大的成功。

1997年6月，Oracle 8发布。Oracle 8支持面向对象的开发及新的多媒体应用，这一版本也为支持Internet、网络计算等奠定了基础。同时，这一版本开始具有同时处理大量用户和海量数据的特性。1998年9月，Oracle公司正式发布Oracle 8i，其中“i”代表Internet。这一版本添加了大量为支持Internet

而设计的特性，同时该版本为数据库用户提供了全方位的 Java 支持。Oracle 8i 成为第一个完全整合了本地 Java 运行时环境的数据库，用 Java 就可以编写 Oracle 的存储过程。

在 2001 年 6 月的 Oracle OpenWorld 大会上，Oracle 公司发布了 Oracle 9i。在 Oracle 9i 的诸多新特性中，最重要的就是 Oracle 集群服务器（Real Application Clusters，RAC）。RAC 使得多个集群计算机能够共享对某个单一数据库的访问，以获得更高的可伸缩性、可用性和经济性。

2004 年，针对网格计算的 Oracle 10g 发布。该版本的稳定性和性能都达到了一个新的水平。

2007 年 7 月 12 日，Oracle 公司推出了最新数据库软件 Oracle 11g。相对以往版本而言，Oracle 11g 具有了与众不同的新特性。

2.1.2　Oracle 10g 新特性

相对于 Oracle 以前的版本，10g 在降低管理开销和提供性能两方面都有了很大的增强。这些增强包括：高可用性、新的闪回能力、支持回滚更新操作；安全性的增强，便于管理大量的用户；商业智能方面的增强，包括改进的 SQL 能力、分析功能、OLAP、数据挖掘的能力等；对非关系型数据存储的能力得到了改进；XML 的能力；对开发能力支持的加强；对生物信息学（Bioinformatics）的支持。性能与能力的扩展：对新的架构支持，高速数据处理能力的提高，RAC workload 管理，针对 OLAP 的分区及新的改进的调度器。Oracle 10g 的一个引人注目之处就是管理上的极大简化。大量复杂的配置和部署设置被取消或者简化。常见的操作过程被自动化。对不同区域的大多数调整和管理操作得到简化。高可用性的加强：缩短应用和数据库升级的宕机时间，闪回任何错误及支持更多的安全协议、安全性能的加强。扩展数据管理能力的增强，包括 XML、多媒体及文档和文本管理能力。应用开发方面的加强，包括 SQL 和 PL/SQL 对正则表达式的支持，提供新的 PL/SQL 优化编译器等。

2.2　Oracle 10g 的安装

2.2.1　安装前的准备知识

1．安装类型

Oracle 有几种不同的安装类型，包括企业版（Enterprise Edition）安装、标准版（Standard Edition）安装、个人版（Personal Edition）安装、定制（Custom）安装。每一种安装类型满足不同的需求。

企业版安装：安装许可的数据库选项、数据库配置和管理工具，还包括所有标准版的安装选项，安装选项比较全面，如果用于企业级，一般选择企业版安装。

标准版安装：安装集成的管理工具，可用的 Oracle 组件比企业版少，如果考虑安装空间，可以选择标准版安装，该安装适合一个部门或一个小公司。

个人版安装：只安装企业版的某些特性，且只支持单用户，不支持集群。由于其单用户的限制，这种安装仅适合个人学习。

定制安装：用户根据个人需求选择需要安装的组件，从节省磁盘空间的角度考虑，可以选择定制安装方式。

2．安装平台

Oracle 可以在不同平台上安装，如 Windows 和 UNIX 平台。在 Windows 上和 UNIX 上的安装是存在差异的，主要体现在是否需要手工设置上，在 Windows 平台上安装 Oracle 一般不需要手工设置，而在 UNIX 上安装 Oracle 则需要进行一些选项的手工设置。

具体差异主要包含以下几方面：

(1) Oracle 服务的自动启动。在 Windows 平台上安装，Oracle 会把服务设置成自动启动；而在 UNIX 平台上安装，启动 Oracle 服务则需要数据库管理员手动设置。

(2) 环境变量的设置。在 Windows 平台上安装，环境变量在安装时被 Oracle 自动写入系统，而在 UNIX 平台，需要数据管理员进行手动设置。

(3) DBA 账号的不同。在 Windows 平台，Oracle 自动创建 DBA 组，而在 UNIX 平台，需要数据库管理员手工创建 DBA 组。

从以上内容可以看出，在 Windows 平台上安装 Oracle 要比在 UNIX 上安装容易得多。为了简单起见，下面我们介绍在 Windows 上安装 Oracle 的过程。

2.2.2 Windows 平台安装 Oracle 10g

在 Windows（如 Windows XP Professional、Windows NT Server、Windows Server 2000/2003）平台上安装 Oracle 10g 的最低配置如下。

内存：至少 256 MB；

磁盘空间：Oracle 主程序占用空间 1.5 GB，另外需要考虑数据库的占用空间；

CPU：200 MHz 以上；

虚拟内存：1 GB，一般设置为物理内存的两倍。

以上配置为最低要求，为了让 Oracle 10g 运行更顺畅，配置应该越高越好。在满足以上要求后，就可以进行 Oracle 10g 的安装，具体安装过程如下。

① 获得 Oracle 10g 的安装文件。用户注册后，可以在 Oracle 官网（www.Oracle.com）免费下载各版本适用于各平台的安装文件。在 Windows 平台上安装，可下载 Oracle Database 10g Release 2（10.2.0.1.0）Enterprise/Standard Edition for Microsoft Windows (32-bit)的安装文件 10201_database_win32.zip。将该文件解压缩后就可以进行下一步的安装。

② 单击运行 setup.exe 程序，即进入安装界面，如图 2-1 所示。选择安装方法，设置 Oracle 主目录位置、安装类型并设置是否同时创建数据库。此处选择基本安装，安装类型为企业版（注意安装 Oracle 主目录的存储大小是否满足需要），在安装完 Oracle 主程序后再创建数据库。

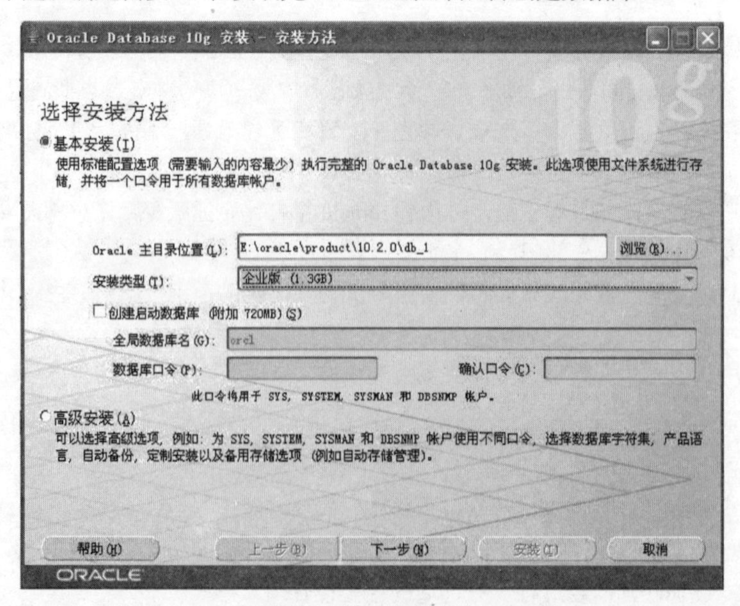

图 2-1 选择安装方法

③ 单击“下一步”按钮进入安装先决条件检查，通过检查后单击“下一步”按钮，进入“概要”窗口，如图 2-2 所示。

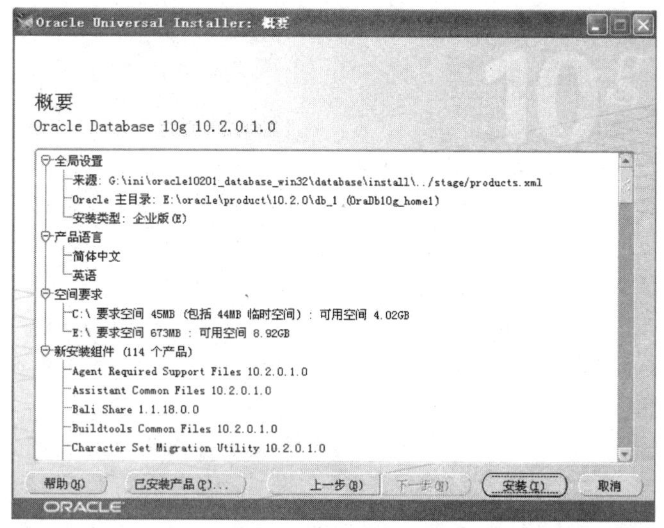

图 2-2 “概要”窗口

④ 在确认概要信息后单击“安装”，则进入 Oracle 安装界面，如图 2-3 所示。

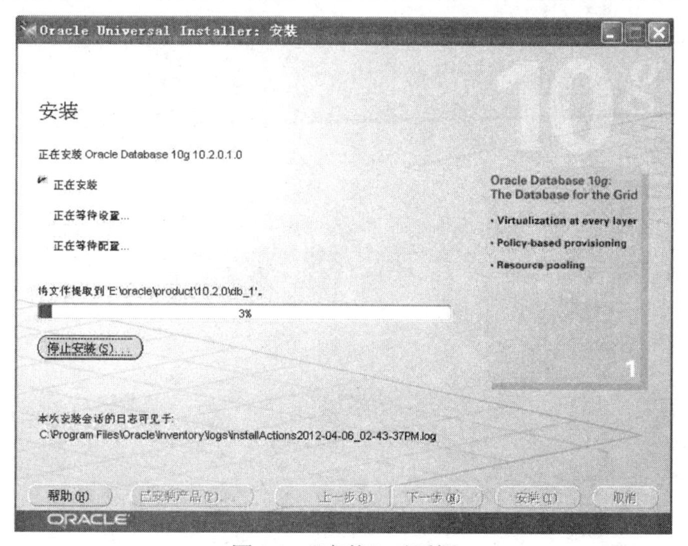

图 2-3 “安装”对话框

⑤ 在安装结束后，会显示安装结束界面，如图 2-4 所示，通过单击“已安装产品”按钮，可以查看所安装的 Oracle 主程序的各组件。

⑥ Oracle 主程序安装完毕后，下一步需要使用 Oracle 数据库的 DBCA 来创建数据库。使用 DBCA 可以完成创建数据库、配置现有数据库中的数据库选项、删除数据库以及管理数据库模板等。有两种方式可以进入创建数据库界面：第一种方式是依次单击“开始”→“程序”→“Oracle-OraDB10g_home1”→“配置和移植工具”，选择“Database Configuration Assistant”启动 DBCA；第二种方式是在“开始”→“运行”中输入“dbca”，进入 DBCA 欢迎界面，如图 2-5 所示。

⑦ 单击欢迎界面中的“下一步”按钮，进入创建数据库的步骤 1，如图 2-6 所示。此处选择“创建数据库”。

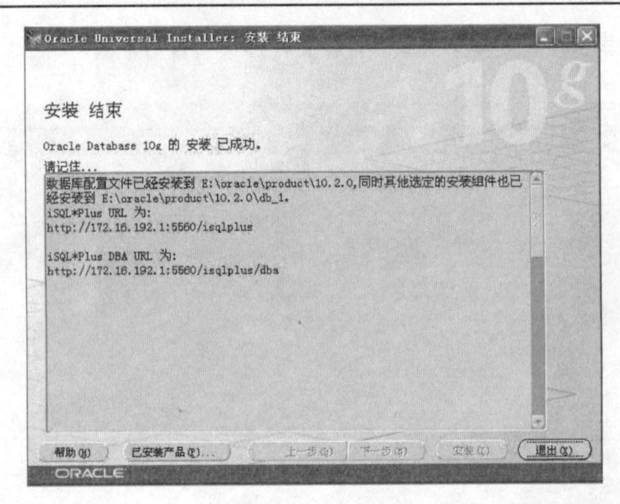

图 2-4 安装结束

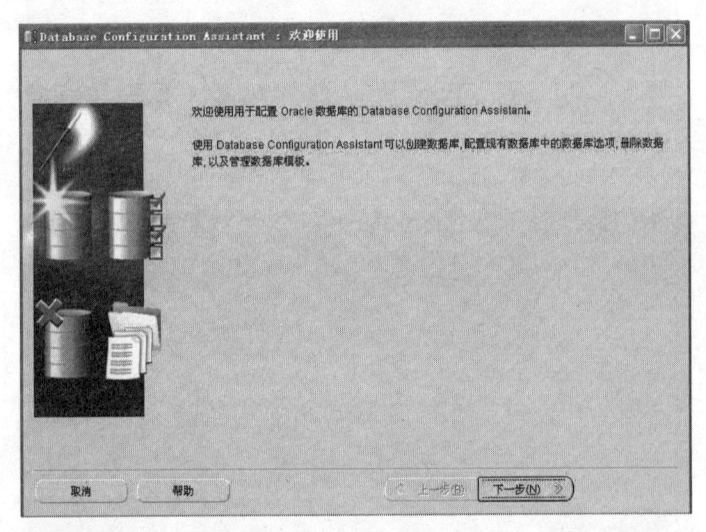

图 2-5 DBCA 欢迎界面

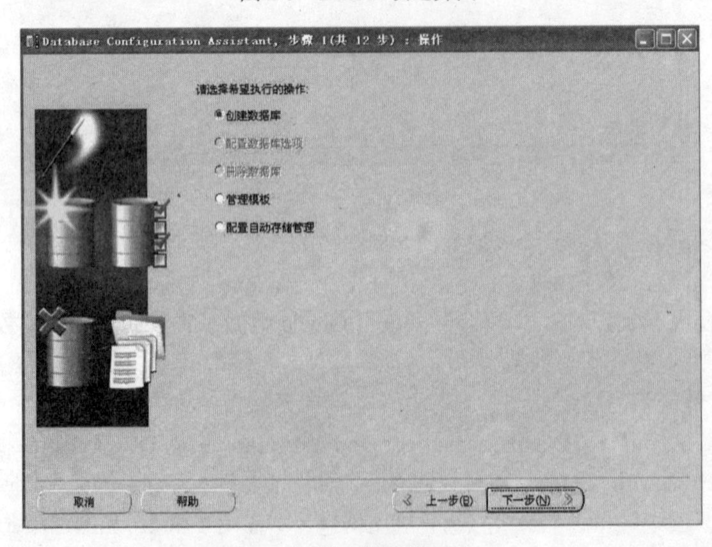

图 2-6 创建数据库步骤 1

⑧ 单击“下一步”按钮，进入步骤 2“数据库模板”窗口，如图 2-7 所示。选择“一般用途”来创建数据库。

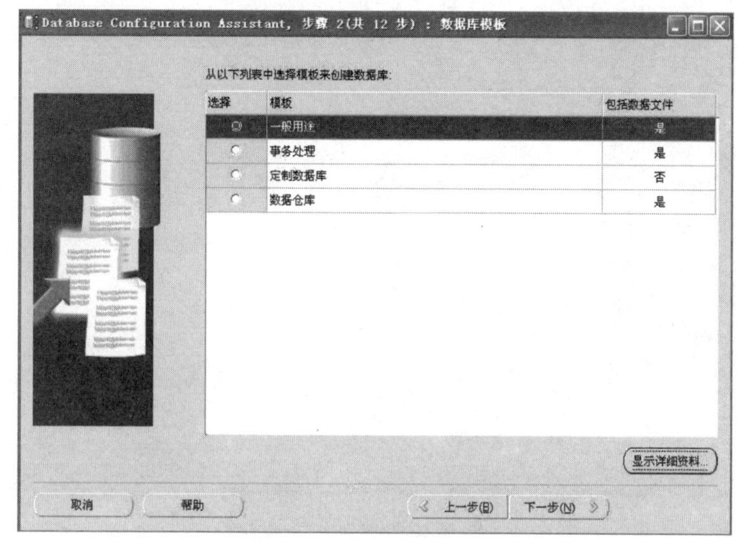

图 2-7 “数据库模板”窗口

⑨ 单击“下一步”按钮，进入步骤 3“数据库标识”窗口，如图 2-8 所示，需要指定“全局数据库名”及“SID”，这两个参数一般都相同。

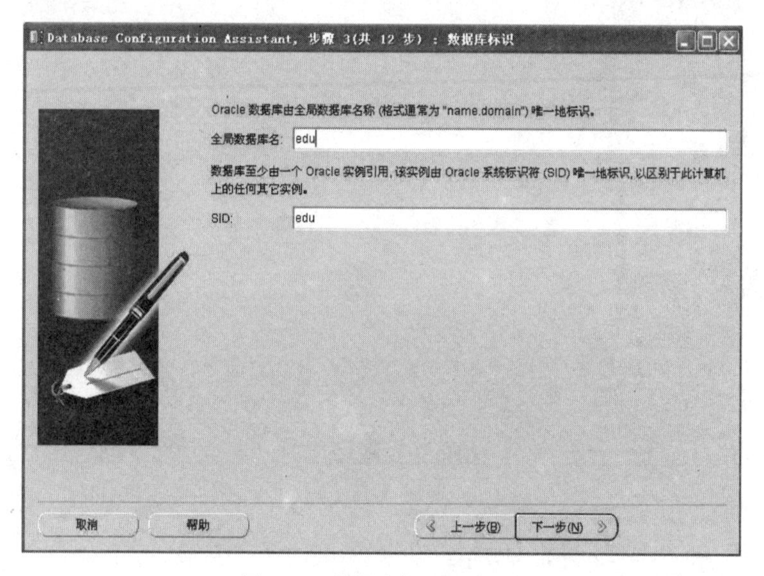

图 2-8 “数据库标识”窗口

⑩ 单击“下一步”按钮，进入步骤 4“管理选项”窗口，一般使用默认选项。单击“下一步”按钮，进入步骤 5“数据库身份证明”窗口，如图 2-9 所示，输入 4 个账户的口令，可以使用同一口令，也可选择使用不同口令。

⑪ 单击“下一步”按钮，进入步骤 6“存储选项”窗口，如图 2-10 所示，选择“文件系统”进行数据库存储。单击“下一步”按钮进入步骤 7，打开数据库文件所在位置的界面，选择默认选项“使用模板中的数据库文件位置”。单击“下一步”按钮进入步骤 8，打开“恢复配置”窗口，选择默认选项“指定快速恢复区”。单击“下一步”按钮进入步骤 9，打开“数据库内容”窗口，选择默认选项。

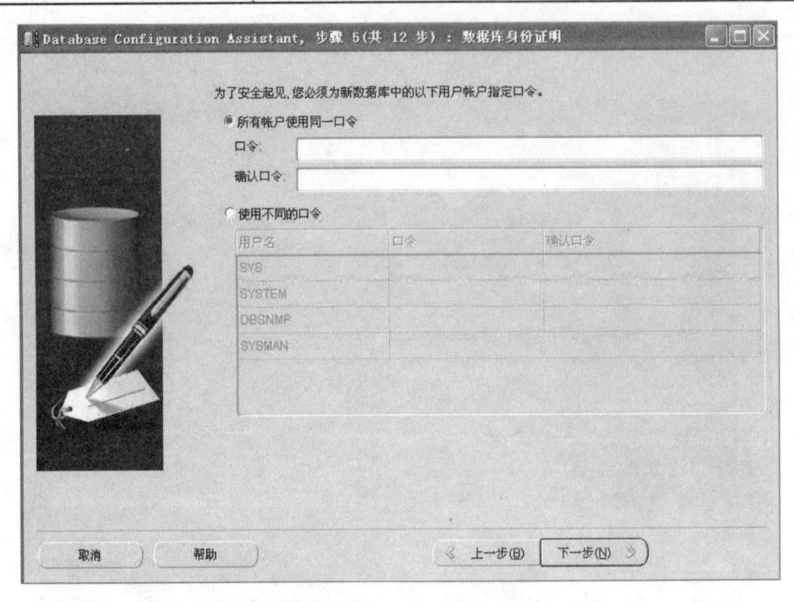

图 2-9 “数据库身份证明”窗口

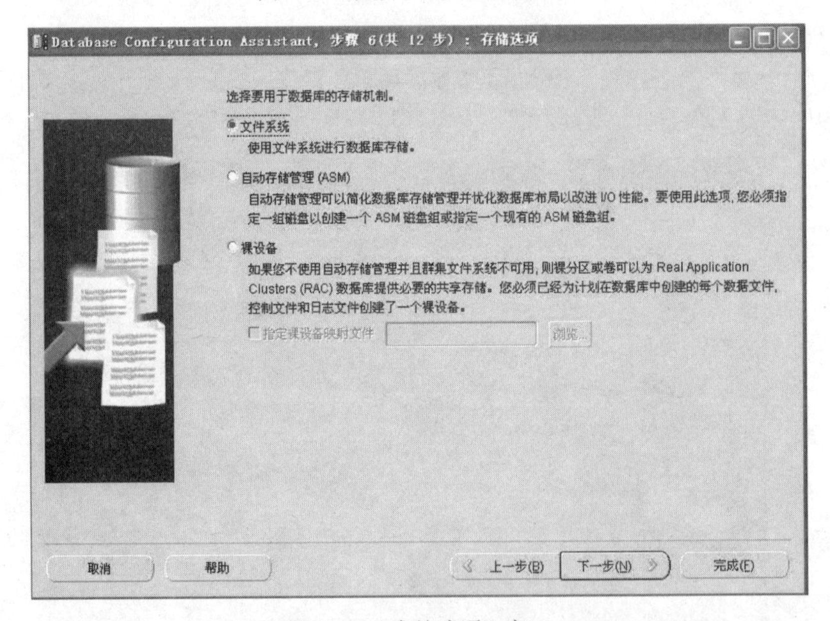

图 2-10 “存储选项”窗口

⑫ 单击“下一步”按钮，进入步骤 10“初始化参数”窗口，如图 2-11 所示，在“字符集”选项卡中，将数据库字符集设定为从字符集列表中选择，并设定数据库字符集为 ZHS16GBK-GBK 16 位简体中文，其他选择默认即可。

⑬ 单击“下一步”按钮，进入步骤 11“数据库存储”窗口，如图 2-12 所示，设置控制文件、数据文件及重做日志文件的信息。

⑭ 单击“下一步”按钮，进入步骤 12 创建选项，选择默认并单击“完成”，进入数据库创建确认窗口，单击“确认”后，进入数据库创建对话框，如图 2-13 所示。

⑮ 在数据库创建完毕后（此过程时间较长，需耐心等候），系统弹出如图 2-14 所示的对话框，单击“口令管理”按钮可以修改用户口令，单击“退出”按钮，安装完成。

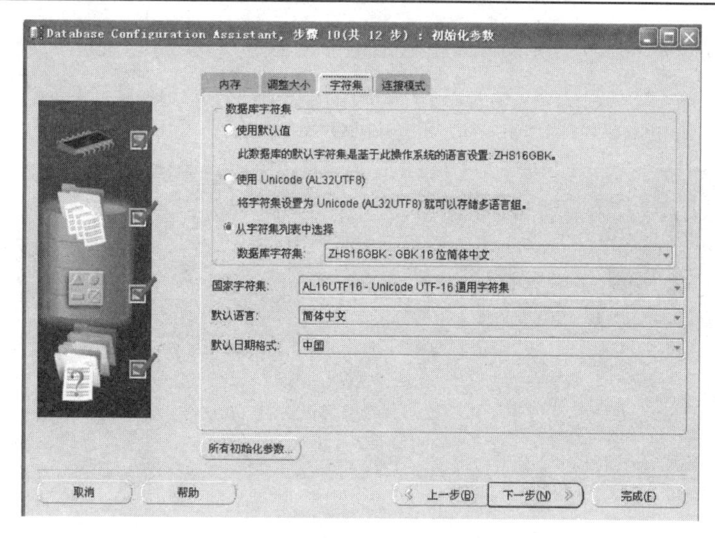

图 2-11　初始化参数设置

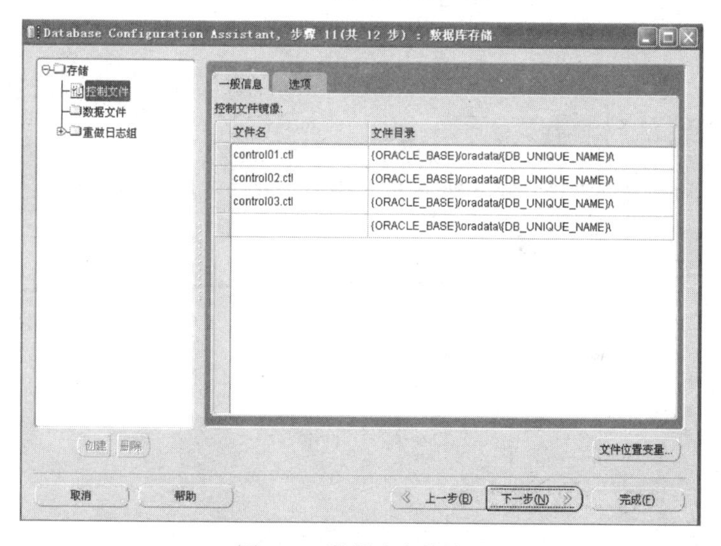

图 2-12　数据库存储设置

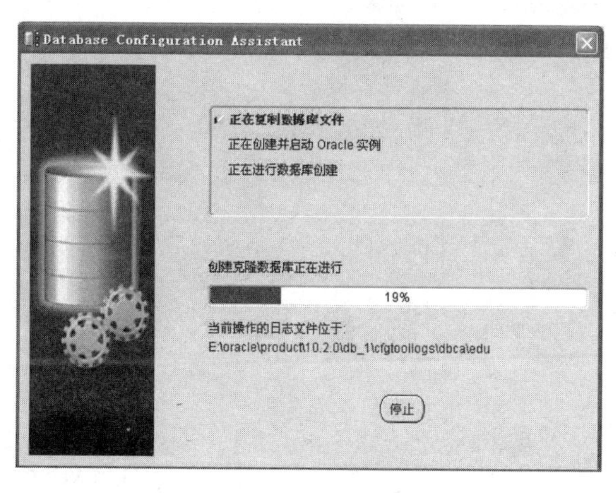

图 2-13　数据库创建

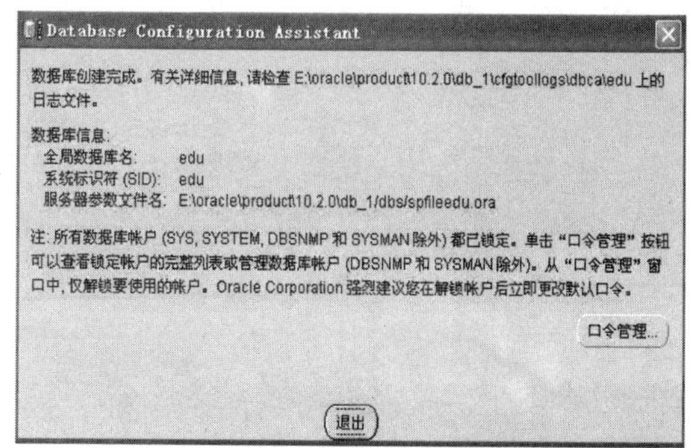

图 2-14　安装完成

⑯ 在数据库安装完毕后，通过 sqlplus 验证数据库创建是否成功（Oracle SQL*Plus 工具下一节介绍）。依次单击“开始”→“运行”，输入“cmd”并单击“确定”按钮，进入命令行窗口，使用 Oracle 工具 sqlplus 进行测试，如图 2-15 所示，如果可以创建表，则说明 Oracle 安装成功。

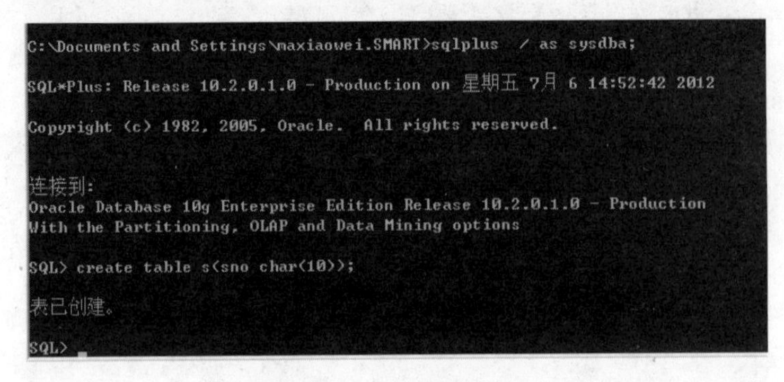

图 2-15 安装测试

2.3 Oracle 10g 的基本使用

2.3.1 Oracle 10g 的启动与关闭

Windows 平台下 Oracle 的启动和关闭是通过启动和关闭服务来实现的，具体的操作过程如下：

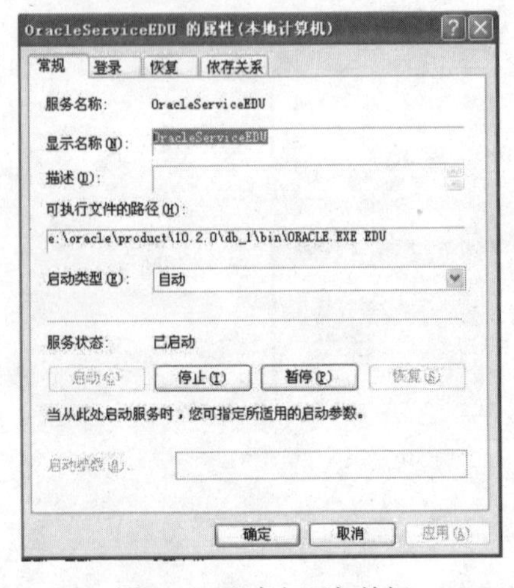

图 2-16 服务打开与关闭

① 依次单击“开始”→“设置”→“控制面板”，打开控制面板界面。

② 依次单击“管理工具”→“服务”，可以看到本机提供的所有服务。

③ 双击 Oracle 服务“OracleServiceEDU”，其中“EDU”为数据库名称，如图 2-16 所示，单击“启动”按钮可以启动 Oracle 服务，单击“停止”按钮则关闭 Oracle 服务。

2.3.2 数据库存储结构

数据库创建后，下一步要做的工作就是在该数据库中创建数据库对象，如表、视图、索引、用户、角色等。在创建对象之前，需要了解 Oracle 数据库存储结构。

Oracle 存储结构分为物理结构和逻辑结构。

1. 物理结构

一个数据库的物理结构由数据文件（Data Files）、控制文件（Control Files）及联机日志文件（Online Redo Logs）构成。除此之外，组成 Oracle 的还有其他一些额外的文件，如归档日志文件（Archive Log Files）、参数文件（Parameter Files）、警报日志文件（Alert Files）、跟踪文件（Trace Files）和备份文件（Backup Files）等。

数据文件是真正存放数据库对象的操作系统文件，一个数据库有多个数据文件，一个数据文件只能属于一个数据库。通过 dbca 工具创建数据库后，Oracle 默认会为创建的数据库建立多个必需的系统数据文件，用户需要创建数据文件存放用户的数据库对象。

控制文件存放数据库的物理结构信息，这些信息包括：数据库名、数据文件和联机日志文件的名称及存放位置、时间戳等。一个数据库至少有一个控制文件，为了对数据库进行保护，需要镜像控制文件，并存放于不同的存储位置。每个控制文件的内容都相同，如果进行了控制文件镜像，即使其中一个控制文件发生故障，也可以用其他控制文件覆盖损坏的控制文件，从而不至于造成整个数据库损坏。启动数据库时，Oracle 系统首先找到并打开控制文件（由参数文件找到控制文件），根据控制文件内容找到数据文件和联机日志文件并打开数据库。

联机日志文件存放数据库重做记录，该记录包含对数据库的改变信息。如果数据库发生意外，导致缓存中数据的修改未及时写入数据文件，则 Oracle 可以从联机日志文件中读取这些数据改变并写回到数据文件中。通过联机日志文件，可保证数据库的数据改变不会丢失。与控制文件镜像一样，为了更好地保护数据库，需要镜像联机日志文件。

其他重要的文件还包括归档日志文件、参数文件、警报日志文件、跟踪文件和备份文件等。如果数据库运行在归档模式，在一个联机日志文件写满后就由 Oracle 的专门后台进程负责将其中的内容写入归档日志文件。归档日志文件保存了数据库改变的历史记录，因此可以从归档日志文件中恢复丢失的数据。参数文件用于存放数据库的实例及参数，这些参数指定了控制文件的位置及数据库实例启动时需要的内存分配参数等。警报日志文件记录数据库中发生的错误及数据库发生的重大事件等。每个 Oracle 后台都记录跟踪文件，当进程检测到错误时，就会把错误信息写入跟踪文件。因此，数据库管理员可以根据跟踪文件的内容，查询后台进程是否发生错误及发生什么错误。备份文件即为数据库备份生成的文件，当发生介质故障时，可以通过备份文件还原数据库，执行数据库恢复。

2．逻辑结构

Oracle 逻辑存储结构由数据块（Data Block）、区（Extent）、段（Segment）和表空间（Table Space）组成。

数据块是 Oracle 最小的存储单位，Oracle 每次请求的数据都是数据块大小的整数倍。区由若干连续的数据块组成，块组成区，区组成段。表由段构成，一个表由一个或多个段组成。

一个 Oracle 数据库是由多个称之为表空间的逻辑单元构成的。表空间用于存放数据库对象，如表、视图、索引等。表空间由一个或多个数据文件组成，表空间存放数据库对象，而这些对象实际上存放在数据文件中。在数据库创建时，Oracle 至少会自动创建两个表空间：一个是名为 SYSTEM 的系统表空间，默认为该空间建立一个名为 system01.dbf 的数据文件；另一个是名为 SYSAUX 的辅助表空间，默认为该空间建立一个名为 sysaux01.dbf 的数据文件。

2.4　常用 Oracle 系统管理工具

创建数据库后，需要创建用户表空间并为该表空间分配数据文件用于存放用户的数据库对象。要进行这些操作，需要首先了解 Oracle 的几个系统管理工具，如 Net Manager、SQL*Plus 及 OEM（Oracle Enterprise Manager，Oracle 企业管理器）等。

2.4.1　Net Manager

在 Oracle 数据库安装完毕后，在服务器端需要配置监听器组件响应来自客户端连接的请求。监听器是客户端和服务器端连接的中间组件，是位于服务器端的一个后台进程。当接收到客户端提出连接的请求后，监听器把该请求提交给 Oracle 数据库服务器处理。当客户端和服务器端建立连接后，服务器端和客户端直接进行通信。监听器的作用就是负责建立服务器端和客户端的连接。客户端要连接

Oracle 数据库服务器，需要指定要连接的服务器的地址、数据库的实例名及服务使用的端口等信息，可以通过配置网络服务名包含这些信息，客户端通过网络服务名连接远程的数据库服务器。

Net Manager 是一个图形化网络配置工具，利用它可以实现 Oracle 的网络配置，包括服务器端监听器及客户端网络服务名的配置等。单击“开始”→“程序”→“Oracle-OraDb10g-home1”→“配置和移植工具”，然后单击“Net Manager”，可打开 Net Manager 配置窗口，如图 2-17 所示。

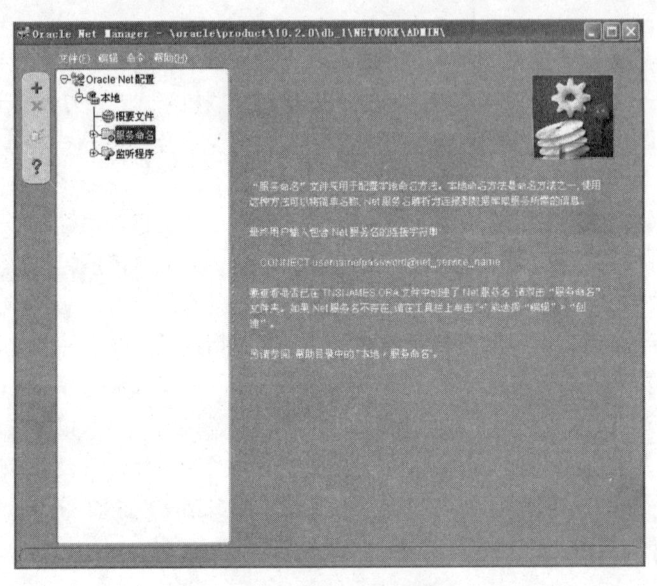

图 2-17 Net Manager 配置窗口

客户端网络服务名的配置过程如下：在如图 2-17 所示的 Net Manager 配置窗口上选中“服务命名”，单击左侧的“+”创建按钮，根据向导提示，依次输入网络服务名、主机名（亦可为 Oracle 服务器的 IP 地址）、服务名（一般为 Oracle 实例名），最后单击“完成”按钮即可。要保存刚才的配置，可选择“文件”→“保存网络配置”选项。图 2-18 显示了一个名为 test1 的网络服务。

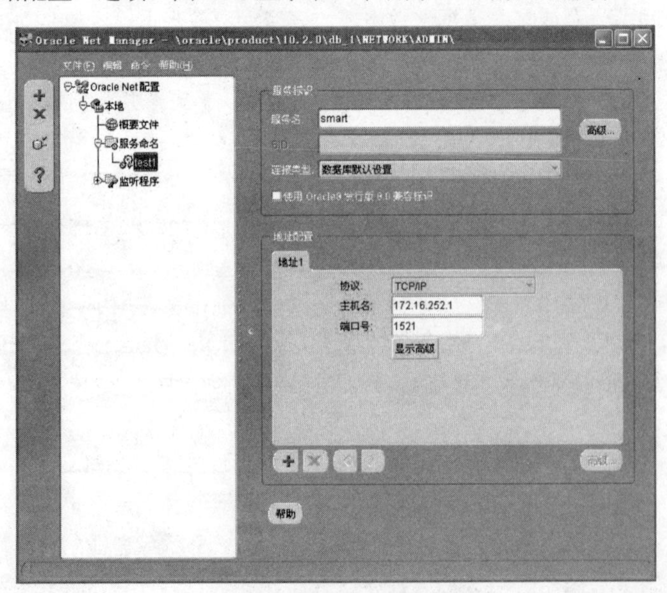

图 2-18 客户端网络服务名配置

服务器端监听器配置过程如下：在 Net Manager 配置界面上选中“监听程序”，单击左侧的“+”创建按钮，根据向导提示，首先输入监听程序名称（默认为 LISTENER），单击“确定”按钮保存命名，然后单击“添加地址”，输入主机名（亦可为 Oracle 服务器的 IP 地址）和端口号（默认为 1521），选择“文件”→“保存网络配置”选项保存配置。图 2-19 显示了一个名为 LISTENER 的网络服务。

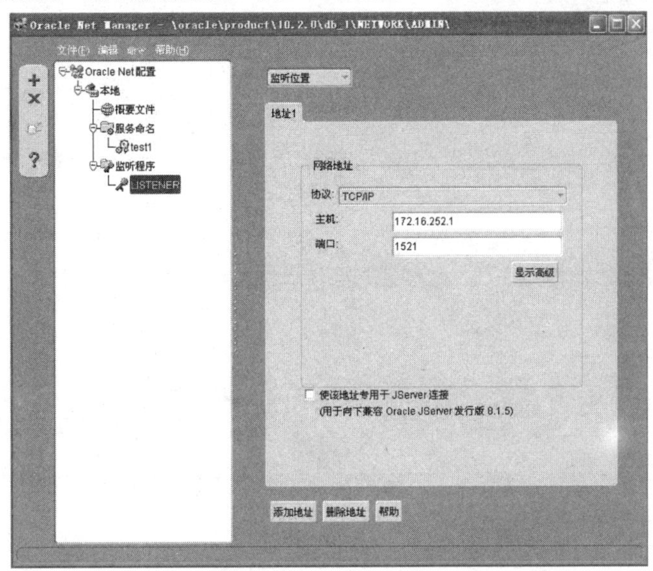

图 2-19　服务器端监听器配置

2.4.2　SQL*Plus

SQL*Plus 是一个交互式数据库管理工具，通过它几乎可以实现数据库的所有管理任务。可以在 SQL*Plus 中执行的命令包含 SQL 语句、PL/SQL、SQL*Plus 命令及一些操作系统命令。

SQL*Plus 有基于命令行、基于图形用户接口和基于 Web 界面的三种形式，常用的是基于命令行的 SQL*Plus。启动 SQL*Plus 命令行的过程如下：依次单击“开始”→“运行”，输入“cmd”并单击“确定”按钮进入命令行窗口，输入格式为“sqlplus 用户名/密码@网络服务名”，如图 2-20 所示。

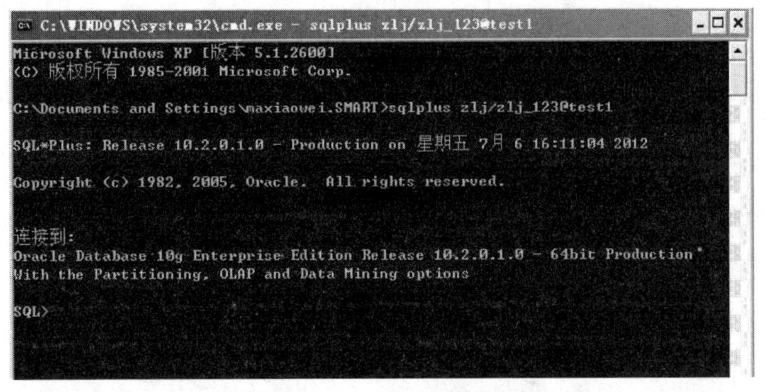

图 2-20　sqlplus 登录

2.4.3　OEM

OEM（Oracle Enterprise Manager，Oracle 企业管理器）是一个专业的基于图形界面的数据库管理工具。在 Windows 平台下需要启动 OracleDBConsole<SID>服务方可使用 OEM 工具，启动服务之后，就可以通过在浏览器端输入 http://ip address:1158/em/进入登录界面，如图 2-21 所示。

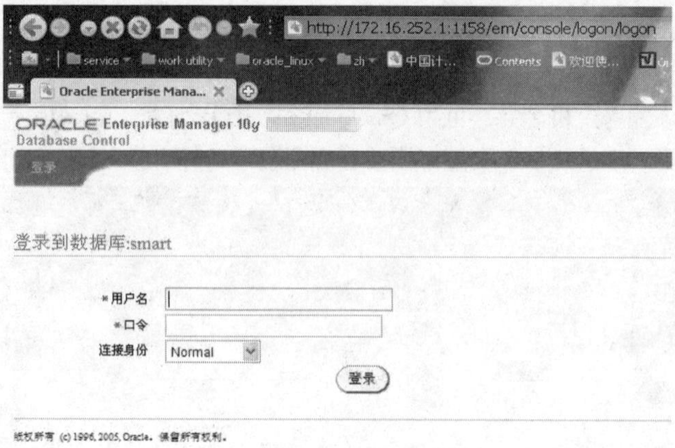

http://172.16.252.1:1158/em/console/logon/logon
Oracle Enterprise Mana...
ORACLE Enterprise Manager 10g
Database Control
登录
登录到数据库:smart
*用户名
*口令
连接身份 Normal
登录
版权所有 (c) 1996, 2005, Oracle。保留所有权利。

图 2-21　OEM 登录界面

输入正确的用户名和密码后，登录 OEM，管理界面如图 2-22 所示。

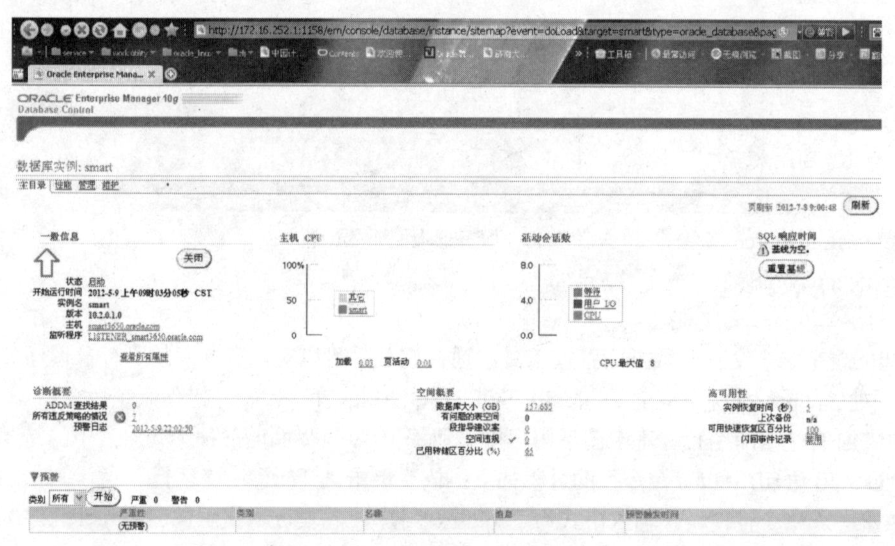

图 2-22　OEM 管理界面

OEM 管理界面提供的信息非常详细，足够完成大多数 DBA 任务，可作为用户使用图形界面管理常见数据库任务（如添加用户、增加表空间、修改数据文件和检查回退段等）的解决方案，其中包含的诊断程序包为性能调节提供了非常需要的图形界面支持。

2.5　用户数据库对象的创建与管理

2.5.1　用户表空间、数据文件的创建与管理

在使用 Oracle 数据库的 DBCA 创建数据库后，只是创建了一些必需的系统表空间。为了更好地存储和管理用户自己的数据，需要创建用户的表空间及数据文件。下面通过例子来介绍用户表空间及数据文件的创建和管理。

【例 1】为 edu 数据库创建用户表空间及数据文件。

```
create tablespace EDUDATA
datafile 'd:\Oracle\datafile\oradata\edu\edudata01.dbf' size 100M reuse
```

```
autoextend on
default storage (initial 256K next 256K maxextents UNLIMITED    pctincrease 0)
MINIMUM EXTENT 256K
```

通过以上 SQL 语句，创建了一个名为“EDUDATA”的表空间，并创建了属于该表空间的一个初始大小为 100 MB 的数据文件。

【例 2】为 edu 数据库 EDUDATA 的表空间增加数据文件。

```
alter tablespace "EDUDATA"
add datafile 'd:\Oracle\datafile\oradata\edu\edudata02.dbf' size 100M reuse AUTOEXTEND ON NEXT 8K MAXSIZE 32767M
```

通过以上 SQL 语句，为“EDUDATA”表空间增加了一个初始大小为 100 MB 的数据文件。

2.5.2　用户管理

一个数据库有多个用户，每个用户必须有一个账号。在使用数据库前，用户需要首先提供用户名（账号）和密码来连接到数据库。在 Oracle 中，每个数据库用户都被赋予一个默认表空间，当该用户创建数据库对象时，在未指定对象所存放的表空间的情况下，该对象将被系统存放在默认表空间中。同时，每个用户会有一个临时表空间，用户执行 SQL 语句创建临时段时，系统则在临时表空间中创建该临时段，例如，当用户执行的 SQL 语句需要进行排序操作时，会使用到临时段。

【例 3】创建用户 zlj，并为其赋予权限。

```
Grant connect, resource to zlj identified by zlj_123;
Grant create any table to zlj;
Grant create any trigger to zlj;
Grant create any sequence to zlj;
Grant create any procedure to zlj;
GRANT CREATE ANY VIEW TO zlj;
```

通过以上 SQL 语句，创建了一个密码为“zlj_123”的用户 zlj，并为其赋予了多个权限。

【例 4】修改 zlj 用户的默认表空间及临时表空间。

```
alter user zlj default tablespace edudata temporary tablespace temp;
```

通过以上 SQL 语句，将用户 zlj 的默认表空间修改为 edudata，临时表空间修改为 temp。

第2篇　实　　验

数据库技术及应用是一门实践性很强的课程，强化动手实践是学好本门课程的重要环节。所谓实践，包括两个方面：一是编写 SQL 语句，二是设计数据库，这两个方面要相互结合。

根据主教材的知识结构和内容，设计了 9 个实验，实验内容的设计由简单到复杂，从最初的 SQL Server 软件的使用，到最后编写比较综合的 SQL 语句，能够让学生逐步学会编写 SQL 语句以及上机调试完成。在组织上机时可根据情况做必要的调整，增加或减少某些部分。也可以在学期末，要求学生完成一个稍大的数据库设计，以检查和提高学生的应用能力。

实验的目的是培养学生动手实践的能力，逐渐学会自己编写代码来解决实际问题，因此要认真对待实践教学环节，并按一定的规范完成上机实验过程。

建议读者在实验的学习中，按照研究型教学模式学习。提倡读者在教材第 1 章布置的设计操作题中选择一个自己感兴趣的课题作为目标驱动，以自主学习、积极探索为主，结合课程的进度，通过网络教学平台等学习环境，通过上机实验完成数据库设计。

本课程的实验内容也以学生在完成设计操作题过程中的探索为主，适当安排一些必要的练习，力求达到培养学生的操作能力和自主学习能力、自觉从网络及各种渠道获取知识和信息的能力，进一步增强学生的创新能力。

实验 1　SQL Server 2000 环境的熟悉和数据库的创建

一、实验目的

1．了解 SQL Server 2000 的功能和基本的操作方法，学会使用该系统。

2．掌握创建 SQL Server 服务器组和注册 SQL Server 服务器。

3．掌握 SQL Server 服务器基本属性的配置。

4．了解在该系统上如何创建和管理数据库。

5．通过观察系统中的数据库，初步了解数据库的组成。

二、实验内容

1．学习创建 SQL Server 服务器组。

打开“SQL Server 企业管理器”，在“SQL Server 组”上单击右键，在弹出的快捷菜单中选择“新建 SQL Server 组”命令，如图 1-1 所示。然后在弹出的“服务器组”对话框中输入新的组名称“newgroup”，如图 1-2 所示。

图 1-1　右键快捷菜单

图 1-2　建立新的 SQL Server 组

此时，新的 SQL Server 组名称“newgroup”被添加到“Microsoft SQL Servers”目录树中，然后可以通过右键快捷菜单中的“新建 SQL Server 注册”命令，将新的 SQL Server 服务器注册到该组中。

如果要删除或者重命名 SQL Server 组，可以在如图 1-1 所示的菜单中选择相应的命令。

2．用 SQL Server 企业管理器注册 SQL Server、删除注册以及修改注册属性。

（1）注册 SQL Server

① 在“SQL Server 组”上单击右键，在弹出的快捷菜单中，选择“新建 SQL Server 注册”命令，如图 1-3 所示。

② 在弹出的如图 1-4 所示的注册 SQL Server 向导对话框 1 中单击“下一步”按钮。

③ 在新弹出的如图 1-5 所示的注册 SQL Server 向导对话框 2 中的“可用的服务器”栏中，输入欲注册服务器的 IP 地址，然后单击“添加”按钮，该地址将显示到“添加的服务器”栏中，然后单击“下一步”按钮。

④ 在新弹出的如图 1-6 所示的注册 SQL Server 向导对话框 3 中，选择“系统管理员给我分配的 SQL Server 登录信息（SQL Server 身份验证）”，然后单击“下一步”按钮。

⑤ 在新弹出的如图1-7所示的注册SQL Server向导对话框4中输入登录名“sa”和密码“student”，然后单击“下一步”按钮。

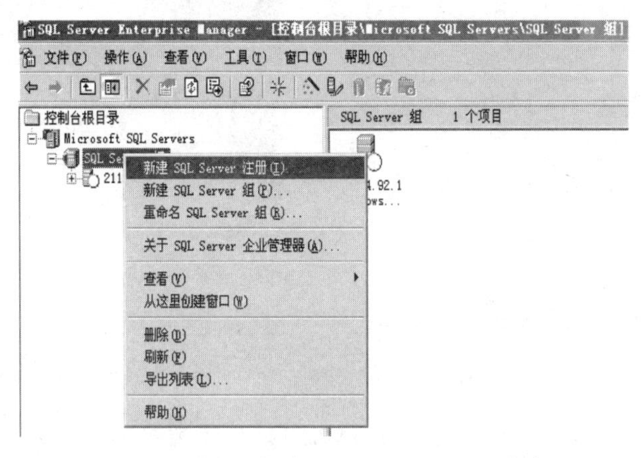

图1-3　选择“新建SQL Server注册”命令

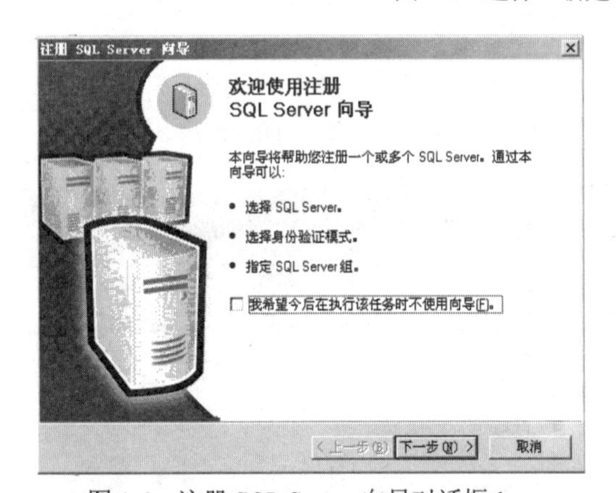

图1-4　注册SQL Server向导对话框1

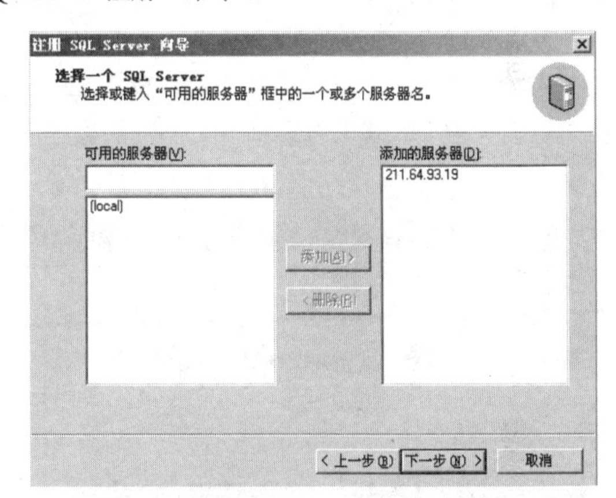

图1-5　注册SQL Server向导对话框2

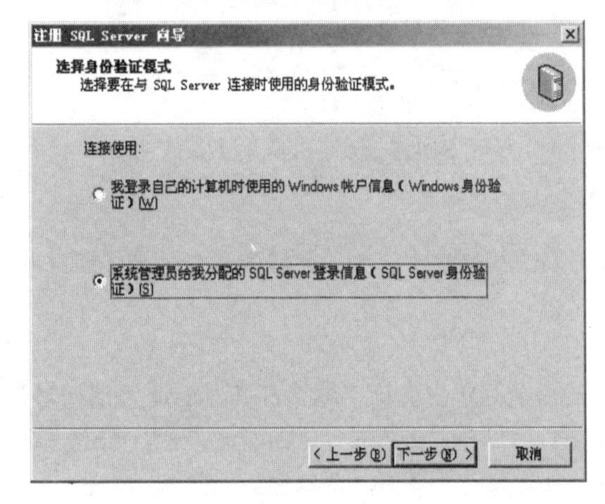

图1-6　注册SQL Server向导对话框3

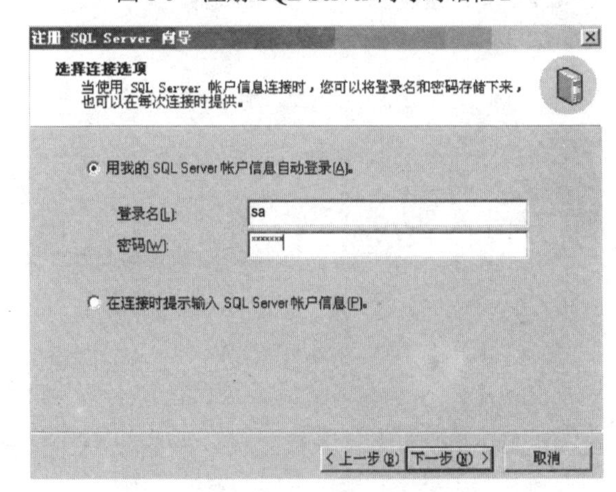

图1-7　注册SQL Server向导对话框4

⑥ 在新弹出的如图1-8所示的注册SQL Server向导对话框5中，选择“在现有SQL Server组中添加SQL Server”，然后单击“下一步”按钮。

⑦ 在新弹出的如图1-9所示的注册SQL Server向导对话框6中，单击“完成”按钮。

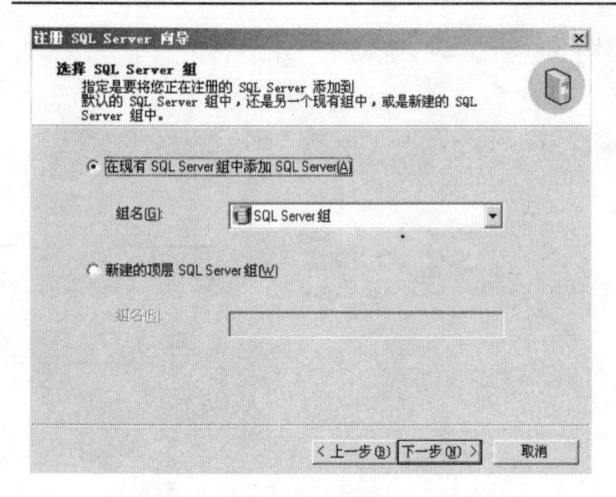

图 1-8　注册 SQL Server 向导对话框 5

图 1-9　注册 SQL Server 向导对话框 6

⑧ 在新弹出的如图 1-10 所示的注册 SQL Server 向导对话框 7 中，会显示服务器注册成功信息。如果该服务器未能连通，将显示注册不成功信息，此时需要查找原因重新注册。如果注册成功，可单击“关闭”按钮，完成远程 SQL Server 服务器的注册。

注册成功后，在控制台根目录的 SQL Server 组中会显示远程的数据库服务器实例，单击将其左方的“+”符号展开，就可以看到该实例中的数据库信息，注册 SQL Server 后的远程数据库窗口如图 1-11 所示。

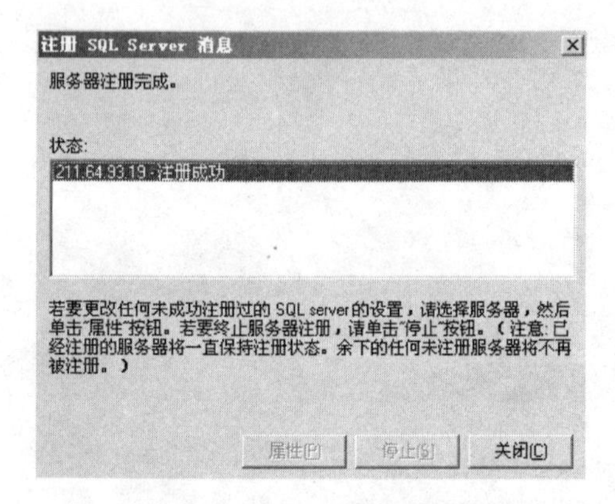

图 1-10　注册 SQL Server 向导对话框 7

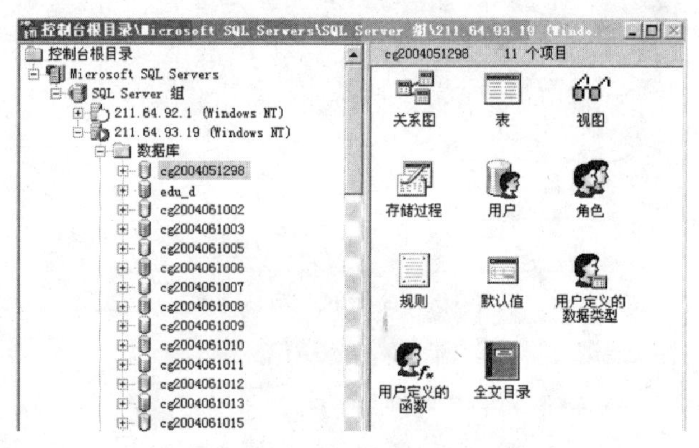

图 1-11　注册 SQL Server 后的远程数据库窗口

（2）SQL Server 注册的删除

在选中的 SQL Server 服务器上单击右键，在弹出的快捷菜单中选择“删除”命令，即可删除此 SQL Server 注册。

（3）SQL Server 注册属性的编辑

在选中的 SQL Server 服务器上单击右键，在弹出的快捷菜单中选择“编辑 SQL Server 注册属性”命令，就会弹出如图 1-12 所示的已注册的 SQL Server 属性对话框，在该对话框进行相应的注册属性编辑即可。利用这一功能，不同的数据库用户可以在同一台计算机上变更注册身份。

（4）SQL Server 属性配置

在选中的 SQL Server 服务器上单击右键，在弹出的快捷菜单中选择“属性”命令，此时弹出如图 1-13 所示的 SQL Server 属性设置对话框。在属性设置对话框中，可以对 SQL Server 服务器的运行环境参数进行重新设置，如 SQL Server 使用内存设置、SQL Server 登录账户身份认证类型等。

3．学习启动、暂停、停止 SQL Server 2000 服务器的方法。

（1）通过“服务管理器”启动、暂停和停止 SQL Server 服务器

SQL Server 2000 安装后，“服务管理器”就作为程序选项安装在“Microsoft SQL Server”程序组中，可以单击该程序选项，启动“SQL Server 服务管理器”，如图 1-14 所示。

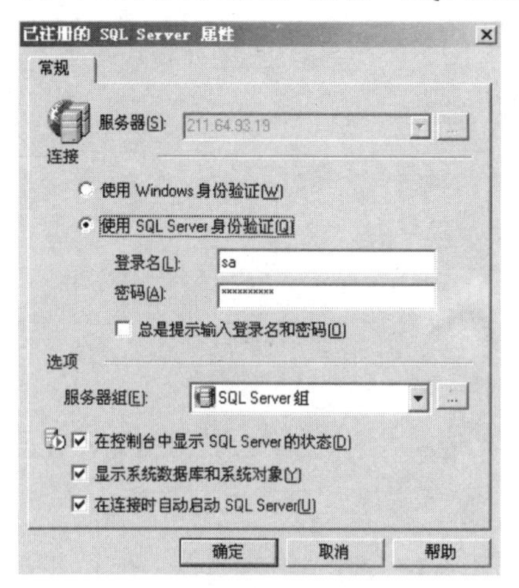

图 1-12　已注册的 SQL Server 属性编辑对话框

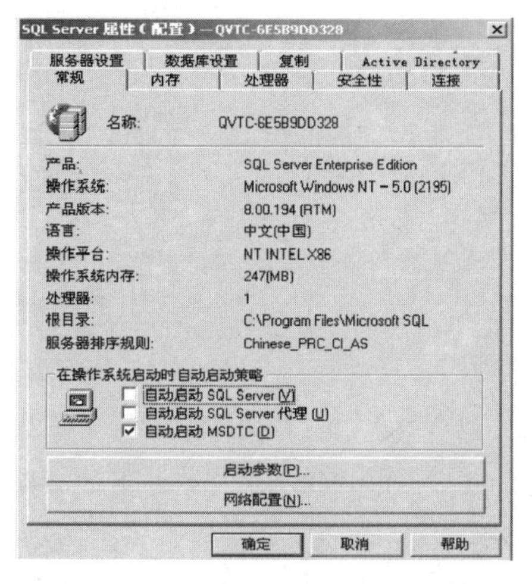

图 1-13　SQL Server 属性设置对话框

在“SQL Server 服务管理器”的“服务器”栏中选择要启动的实例，在“服务”栏中选择 SQL Server，单击“开始/继续”按钮，标志图标由红变绿，表示 SQL Server 启动成功。“暂停”按钮和“停止”按钮用来暂停和停止 SQL Server 服务器。

图 1-14　SQL Server 服务管理器

（2）通过“SQL Server 企业管理器”启动、暂停和停止 SQL Server 服务器

在“SQL Server 企业管理器”窗口的左边，依次展开“Microsoft SQL Servers”和“SQL Server 组”，找到 SQL Server 服务器（如 MECARD\MT），并在该服务器上单击右键，在弹出的快捷菜单中，选择“启动”命令，如图 1-15 所示。或者在该服务器上双击左键，此时，该服务器上的标志图标由红变绿，表示 SQL Server 启动成功，如图 1-16 所示。

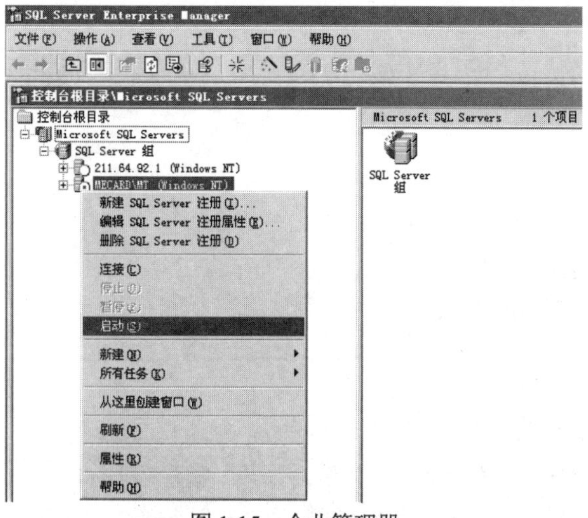

图 1-15　企业管理器

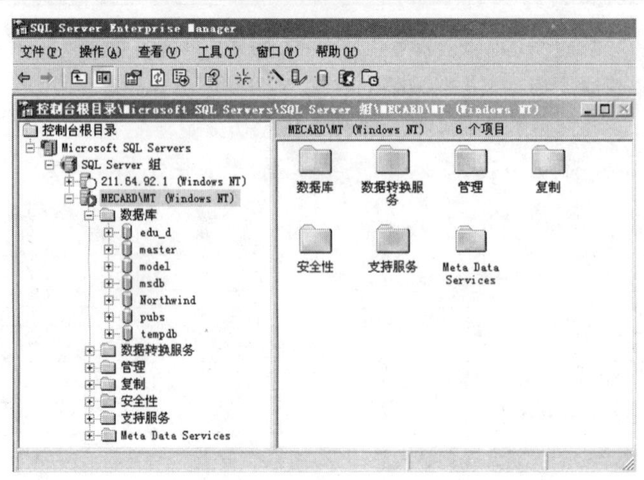

图 1-16 SQL Server 启动后

4．熟悉 SQL Server 的操作环境，了解主要菜单命令的功能和对话框，如新建数据库，数据库表的建立，导入/导出数据、分离数据库、附加数据库等。

实验内容：

① 新建名称为“STU+学号”的数据库，如 stu20110502011。

② 把本班学生名单（已经存在的 Excel 文件）导入到该数据库中。

③ 把数据库 pubs 中的 jobs 数据表导出成 Excel 格式。

④ 把自己新建的数据库分离，再附加该数据库。

⑤ 附加 EDU_D 数据库（该库所对应的文件编者已做好）。

5．了解查询分析器的使用。

6．在某个已注册实例中，认识与体会 SQL Server 的体系结构。

7．在某个已注册实例的数据库范例中，认识数据库的组成。

三、设计操作

参考数据库范例，开始设计数据库的初步工作，确定设计操作题的选题，自学并进行需求分析，收集初步资料和数据。

实验 2 数据库与数据表的创建、删除与修改

一、实验目的

1．掌握用企业管理器创建数据库、数据表。

2．掌握数据表结构的修改。

3．掌握设置主键、外键等的约束。

二、实验内容

1．利用企业管理器中的菜单功能练习创建、修改、删除数据库。

创建一个名称为“STU+学号”的数据库，练习修改和删除数据库。

2．利用企业管理器，建立如表 2-1 至表 2-3 所示的 3 个数据表，并录入数据。

表 2-1 中，ID 代表序号，SNO 代表供应商号，SNAME 代表供应商名，STATUS 代表供应商状态，CITY 代表供应商所在城市。

要求 ID 为标识列，主键是 SNO，供应商姓名（SNAME）和供应商所在城市（CITY）不允许为空，供应商姓名唯一，供应商状态默认值为 10。

表 2-1 S 表

ID	SNO	SNAME	STATUS	CITY
1	S1	精益	10	天津
2	S2	盛锡	10	北京
3	S4	东方红	10	北京
4	S5	丰泰盛	20	天津
5	S6	为民	10	上海

表 2-2 P 表

PNO	PNAME	COLOR	WEIGHT
P1	螺母	红	12
P2	螺栓	绿	17
P3	螺丝刀	蓝	14
P4	凸轮	红	20
P5	齿轮	蓝	30
P6	螺丝刀	红	14

表 2-2 中，PNO 代表零件号，PNAME 代表零件名称，COLOR 代表零件颜色，WEIGHT 代表零件重量。

要求，WEIGHT 的取值为 10～30，主键是 PNO。

表 2-3 中，QTY 代表数量，PRICE 代表价格，TOTAL 代表总价。

要求主键是（SNO, PNO），SNO、PNO 都为外键，TOTAL 由公式计算得到。

表 2-3 PS 表

SNO	PNO	QTY	PRICE	TOTAL
S1	P1	200	0.5	
S1	P2	100	0.8	
S2	P3	700	2.00	
S4	P1	400	0.5	
S4	P3	300	2.00	
S5	P5	700	8.00	
S2	P6	800	2.00	
S4	P2	500	0.8	
S5	P3	100	2.00	

三、设计操作

使用企业管理器创建自己在实验 1 中确定的题目的数据库和数据库表，并输入部分数据。使用分离数据库的方法将自己设计的数据库备份到移动存储设备中。

实验 3 单表 SQL 查询语句

一、实验目的

1. 熟练掌握单表查询属性列信息。
2. 掌握查询各种条件组合的元组信息。
3. 掌握各种查询条件的设定，以及常用查询条件中使用的谓词。

二、实验内容

1．对已有数据库 pubs 中的表完成以下查询功能：

- 查询 jobs 表中所有列的信息；
- 查询 authors 表中所有列的信息；
- 查询 employee 表中的雇员号（emp_id）和雇佣日期（hire_date）信息；
- 查询 employee 表中雇员的雇员号（emp_id）、雇员姓（fname）、雇员名（lname）以及工龄信息；
- 查询 publishers 表中的出版商号（pub_id）、出版商名（pub_name）和所在城市（city）；
- 查询 sales 表中的订单号（ord_num）、订单日期（ord_date）以及数量（qty）。

2．对 employee 数据表完成以下 SQL 查询：

- 查询姓的首字母为 F 的雇员信息；
- 查询工种代号为 11 的所有雇员信息；
- 查询工龄超过 23 年的雇员信息；
- 查询工种代号在 5～8 之间的雇员信息；
- 查询姓为“Maria”的雇员信息；
- 查询名中包含字符“sh”的所有雇员信息；
- 查询雇员号以“m”结尾的雇员信息；
- 查询雇员号中第二个字母为“m”的雇员信息；
- 查询工种代号为 13 且雇员号中最后一个字母为“m”的雇员信息；
- 查询工种代号为 5、7、9 的雇员信息。

3．对已有数据库 pubs 中的数据表完成以下查询：

- 查询 titles 表中价格（price）为空的书号（title_id）、书名（title）、类型（type）、出版号（pub_id）、价格（price）；
- 查询 titles 表中价格（price）低于 10 的书号（title_id）、书名（title）、价格（price）；
- 查询 titles 表中书号（titles_id）以“B”开头的书号（title_id）、书名（title）、类型（type）；
- 查询 sales 表中订阅数量（qty）超过 20 的订单号（ord_num）、订单日期（ord_date）、数量（qty）、书号（title_id）；
- 查询 sales 表中订单号（ord_num）为“P2121”的订单号（ord_num）、订单日期（ord_date）、数量（qty）、书号（title_id）；
- 查询 sales 表中 1992-12-1 前订货的订单信息；
- 查询 authors 表中姓的倒数第二个字母为“e”的作者号、作者姓、作者名、电话、住址、所在城市。

4．对实验 2 中的表执行以下单表信息查询：

- 从 S 表中查询 SNAME 中带“盛”字的供应商信息；
- 从 S 表中查询状态为 10 且所在城市在“北京”的供应商号和供应商名；
- 从 P 表中查询重量介于 14～20 之间的零件的零件号及零件名称；
- 从 P 表中查询零件名称中带有“螺”字且颜色为红色的零件信息；
- 从 PS 表中查询 S5 供应的零件号、单价及数量；
- 从 PS 表中查询各供应商号、供应的零件号、数量以及打 8 折之后的单价。

三、设计操作

使用附加数据库的方法将实验 2 中备份的数据库复制到实验用计算机上，并附加到当前数据库实例中。

进一步修改、完善自己设计的数据库。根据实际应用对自己的数据库表中的数据进行一些基本查询操作。

将自己设计的数据库备份到移动存储设备中。

实验 4　数据汇总查询语句

一、实验目的

1. 掌握使用集函数完成特殊的查询。
2. 学会对查询结果排序。
3. 练习数据汇总查询。
4. 练习去掉重复的查询。

二、实验内容

从 EDU_D 数据库中的 stu_info、xk、gdept、gfied、gban、gcourse 表中做以下查询：

1. 查询每位学生的学号、姓名、性别、出生日期、所在学院号并按学号升序排序。
2. 查询每个专业的专业号、专业名、该专业所在学院号并以专业号降序排序。
3. 查询选修了课程号为“01010”这门课程的学生的学号、考试成绩并按考试成绩升序排序。
4. 在 stu_info 表中查询各个班的班号、所属专业号、所在学院号（使用 distinct）。
5. 查询课程号以“01”开头的课程的课程号、课程名称。
6. 查询每个班的班号、所在学院号以及学生人数。
7. 查询班号中包含“计”字的班级信息。
8. 查询班号中包含“计”字的班级个数。
9. 查询 xsh='01'、男生的学号、姓名、性别、班号。
10. 查询信息学院（xsh='12'）各个专业的专业号及学生人数。
11. 查询学院号为空的班级信息。
12. 查询 2003—2004 学年第二学期（kkny='20032'），“01010”这门课程的最低分。
13. 查询课程名称中包含“规划”二字的课程的课程信息。
14. 查询课程名称中包含“规划”二字的课程的课程个数。
15. 查询学号为“2001015228”的学生的学号、总分、平均分、所选修的总课程数。
16. 查询每位学生在 2001—2002 学年第一学期（kkny='20011'）的学号、总分、平均分。
17. 查询每门课程在 2001—2002 学年第一学期（kkny='20011'）的课程号、选修的学生人数。
18. 在 XK 表中查询选修了课程的学生人数。
19. 查询“02”号学院所开设的各个专业的专业号和专业名称。
20. 查询“02”号学院所开设的专业个数。

实验5 多表SQL查询语句

一、实验目的

1. 掌握多表之间的连接查询。
2. 学会对查询结果排序。
3. 练习数据汇总查询。

二、实验内容

从EDU_D数据库中的stu_info、xk、gdept、gfied、gban、gcourse 表中做以下查询：

1. 查询“信息科学与工程学院”的学生的学号、姓名、性别并按学号升序排序。
2. 查询“管理学院”女生的学号、姓名、班号并按学号升序排序。
3. 查询“材料科学与工程学院”姓张的学生的学号、姓名、性别、专业号、班号、籍贯。
4. 查询“管理学院”所开设的各个专业的专业号、专业名称。
5. 查询“物业0101”班所属的学院名称。
6. 查询“生物技术”专业的学生的学号、姓名、性别并按学号降序排序。
7. 查询学号为“2001015228”的学生所选修的所有课程的课程号、课程名称以及考试成绩，并按课程号升序排序。
8. 查询“材0168”的学生的学号、所选修的课程号、课程名称、考试成绩。
9. 查询“材0168”的学生的学号、姓名以及所选修的课程号、课程名称、考试成绩，并按学号升序排序。
10. 查询“材0168”的学生的学号、姓名以及所选修的课程门数、平均分。
11. 查询学号的前4位是“2001”的学生的学号、姓名、学院名称。
12. 查询高等数学（kch='090101'）成绩不及格的学生的学号、姓名、考试成绩，并按学号升序排序。
13. 查询高等数学（kch='090101'）成绩不及格的学生的学生人数。
14. 查询“大学英语”成绩不及格的学生的学号、姓名、考试成绩，并按学号升序排序。
15. 查询“信息科学与工程学院”（xsh='12'）考试成绩不及格的学生的学号、姓名、课程名称、考试成绩。
16. 查询“管理学院”考试成绩不及格的学生的学号、姓名、课程号、考试成绩。
17. 查询2001—2002学年第一学期（kkny='20011'）每位学生的学号、姓名、学院名称、选修的课程门数。
18. 查询2001—2002学年第一学期（kkny='20011'）选修课程超过10门的学生的学号、姓名、学院名称。
19. 查询考试成绩在85分以上的学生的学号、姓名、课程名称、考试成绩。
20. 查询“管理学院”考试成绩在85分以上的学生的学号、姓名、课程名称、考试成绩。

三、设计操作

根据具体应用，针对自己的数据库进行多表查询、统计汇总等操作。

将自己设计的数据库备份到移动存储设备中。

实验6 嵌套查询和集合查询

一、实验目的

1. 掌握多表之间的嵌套查询。
2. 掌握使用集函数完成特殊的查询。
3. 学会对查询结果排序。
4. 练习集合查询。

二、实验内容

1. 使用嵌套查询语句查询高等数学（kch='090101'）成绩不及格的学生的学号、姓名，并按学号降序排序。

2. 使用嵌套查询语句查询信息科学与工程学院的学生的学号、姓名、性别。

3. 使用嵌套查询语句查询与李明在同一个专业学习的学生的学号、姓名、性别、班级，并按学号升序排序。

4. 使用嵌套查询语句查询“材料科学与工程学院”所开设的各专业号、专业名称。

5. 使用嵌套查询语句查询“材料科学与工程学院”姓张的学生的学号、姓名、性别、班级。

6. 使用嵌套查询语句查询“化学化工学院”各班的班号及学生人数。

7. 使用嵌套查询语句查询2003—2004学年第二学期（kkny='20032'）选修了“01010”这门课程且分数最低的学生的学号。

8. 使用嵌套查询语句查询2003—2004学年第二学期（kkny='20032'）选修了“01010”这门课程且分数最低的学生的学号、姓名。

9. 使用嵌套查询语句查询“材料化学”专业的各班级名称。

10. 使用嵌套查询语句查询“材料化学”专业的各班级名称及各班学生人数。

11. 使用嵌套查询语句查询“物业0101”班所属的学院名称。

12. 使用嵌套查询语句查询管理学院女生的学号、姓名、班号，并按学号升序排序。

13. 使用嵌套查询语句查询“生物技术”专业的学生的学号、姓名、性别，并按学号降序排序。

14. 使用嵌套查询语句查询高等数学（kch='090101'）成绩不及格的学生的学号、姓名，并按学号升序排序。

15. 使用嵌套查询语句查询大学英语成绩不及格的学生的学号、姓名，并按学号升序排序。

16. 使用嵌套查询语句查询信息科学与工程学院的学生人数。

17. 使用嵌套查询语句查询“材料科学与工程学院”和“化学化工学院”的学生的姓名、性别、班级。

18. 使用嵌套查询语句查询选修了“办公自动化”这门课程的学生的学号、姓名、班级。

19. 使用嵌套查询语句查询选修了“办公自动化”这门课程的学生的学生人数。

20. 使用嵌套查询语句查询信息科学与工程学院（xsh='12'）的学生选修的课程号、课程名称。

三、设计操作

根据具体应用，针对自己的数据库进行嵌套查询、使用集函数的查询等。

进一步修改、完善自己的数据库设计。

实验 7 SQL Server 2000 中视图的创建和使用

一、实验目的

1．学会在 SQL Server 2000 中创建、更新、删除视图，并对视图执行各种情况的数据查询。

2．了解视图的外模式特征。

二、实验内容

1．建立视图，查询“信息科学与工程学院”姓王的学生的学号、姓名、性别。

2．建立视图，查询“管理学院”男生的学生人数。

3．建立视图，查询“材料科学与工程学院”姓“张”的学生的学号、姓名、性别、专业号、班号、籍贯。

4．建立视图，查询“管理学院”所开设的各个专业的专业号、专业名称。

5．建立视图，查询“物业 0101”班所属的学院名称。

6．建立视图，查询“生物技术”专业的学生的学号、姓名、性别。

7．建立视图，查询学号为“2001015229”的学生所选修的所有课程的课程号、课程名称及考试成绩。

8．建立视图，查询“材 0168”的学生的学号、所选修的课程号、课程名称、考试成绩。

9．建立视图，查询“材 0168”的学生的学号、姓名以及所选修的课程号、课程名称、考试成绩，并按学号升序排序。

10．建立视图，查询“计 0101”班的学生的学号、姓名以及所选修的课程门数、平均分。

11．建立视图，查询学号的第 5、6 位是“03”的学生的学号、姓名、学院名称。

12．建立视图，查询“材料科学与工程学院”所开设的各专业号、专业名称。

13．建立视图，查询“土木建筑学院”各班的班号以及学生人数。

14．建立视图，查询高等数学（kch='090101'）成绩不及格的学生的学号、姓名。

15．建立视图，查询考试成绩在 85 分以上的学生的学号、姓名、课程名称、考试成绩。

三、设计操作

给自己的数据库创建视图。

根据主教材第 5 章的内容，撰写自己选题的需求分析报告，并画 E-R 图。

实验 8 SQL Server 2000 中数据的控制与维护

一、实验目的

1．了解数据库的安全机制，授权不同用户的数据访问范围。

2．掌握数据库中数据的备份与还原操作。

3．熟悉 SQL Server 2000 中的数据导入/导出功能。

二、实验内容

1．创建登录

① 在企业管理器中展开“安全性”→“登录”项，可以查看 SQL Server 数据库中当前的登录名信息，如图 8-1 所示。

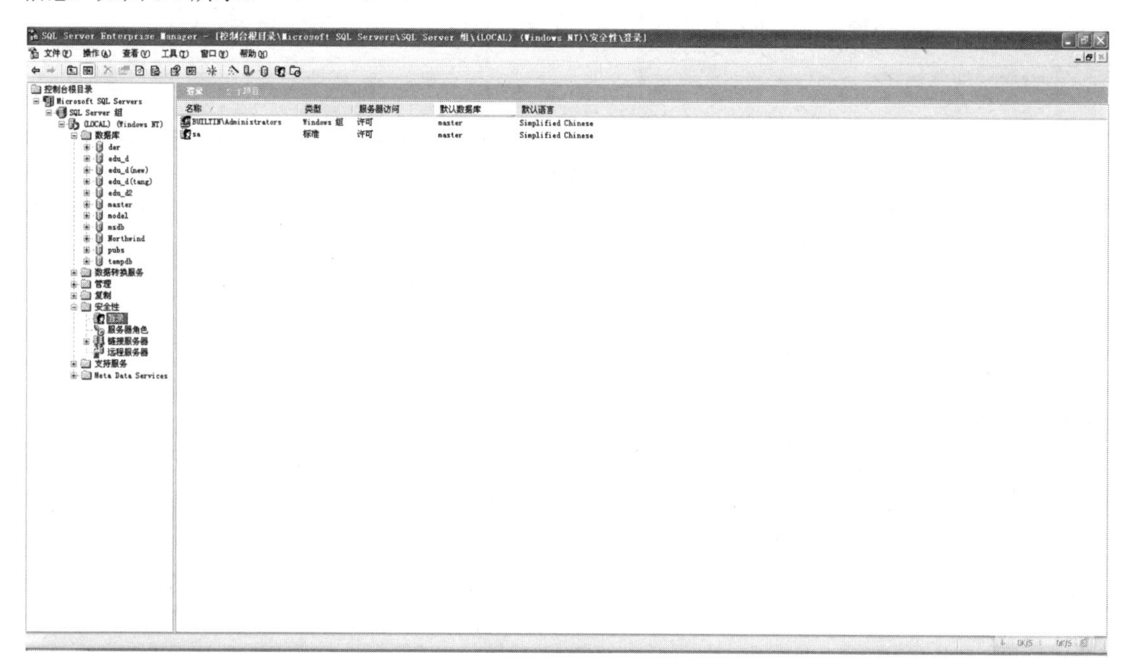

图 8-1　登录窗口

② 右键单击“登录”项，在弹出的快捷菜单中选择“新建登录”命令，打开“SQL Server 登录属性—新建登录”对话框，创建一个名称为 STU 的登录账户，如图 8-2 所示。

③ 系统默认的身份认证方式为“Windows 身份验证”，此时登录名称可以从已有的 Windows 账户中选择。单击“名称”文本框后面的“…”按钮，打开选择 Windows 账户的对话框，为当前一个 Windows 账户创建对应的登录。

④ 参照步骤①和②打开“SQL Server 登录属性—新建登录”对话框。

⑤ 选择“SQL Server 身份验证”项，手动输入登录名和密码。单击“确定”按钮，完成创建登录。

2．修改登录

① 在企业管理器中展开“安全性”→“登录”项，可以查看 SQL Server 数据库中当前的登录名信息。

② 右键单击要修改的登录账户名 STU，在弹出的快捷菜单中选择“属性”命令，打开“SQL Server 登录属性”对话框，如图 8-3 所示。

③ 修改该账户的安全性访问方式、默认数据库等，然后单击“确定”按钮。

3．删除登录

右键单击要删除的账户名 STU，在弹出的快捷菜单中选择“删除”命令，即可删除该账户。

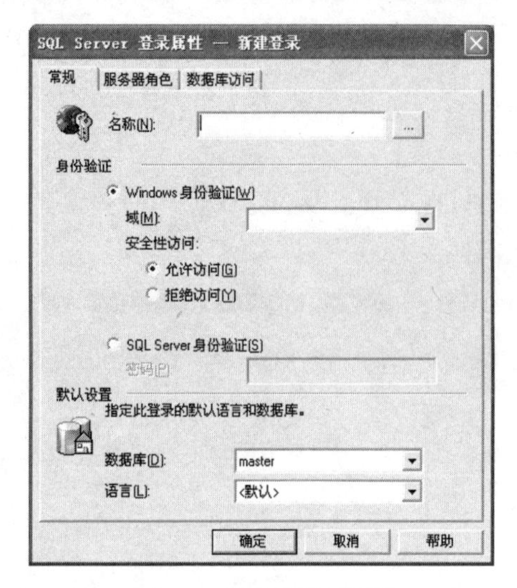

图 8-2 新建登录对话框

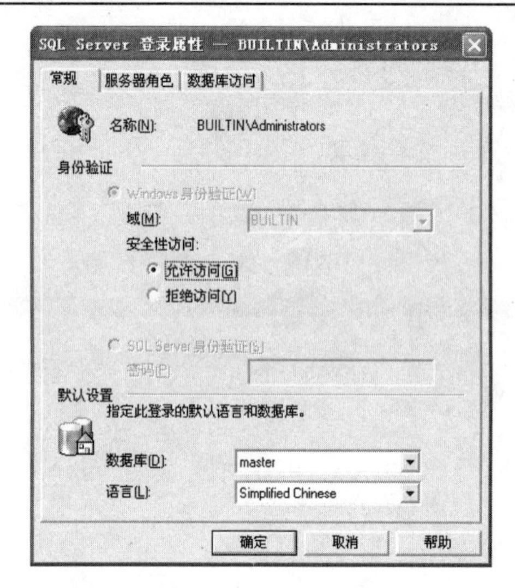

图 8-3 SQL Server 登录属性修改窗口

4. 创建用户

① 在企业管理器中，展开要添加用户的数据库，如图 8-4 所示。

图 8-4 添加用户窗口

② 右键单击“用户”项，在弹出的快捷菜单中选择“新建数据库用户”命令，打开“数据库用户属性—新建用户”对话框，如图 8-5 所示。

③ 首先选择与用户相关联的登录名，然后再输入对应的用户名。选择用户所属的角色成员，然后单击“确定”按钮即可。

5. 修改用户

① 在企业管理器中右键单击要修改的用户名，在弹出的快捷菜单中选择“属性”命令，如图 8-6 所示，打开“数据库用户属性”对话框。

② 修改用户所属的角色。在对话框中不能修改数据库用户名，但可以设置用户权限和所属的角色。

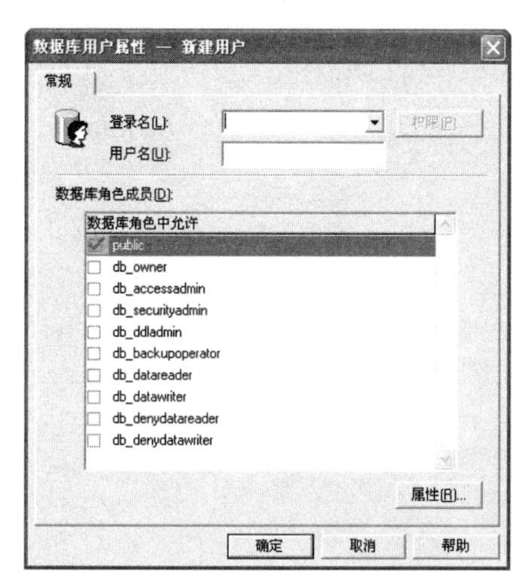

图 8-5　新建用户对话框

6. 删除用户

在企业管理器中右键单击要删除的用户名，选择“删除”命令，即可删除用户。

7. 创建角色

① 在企业管理器中展开“数据库”项，选择数据库中的“角色”项，可以查看到指定数据库的所有角色。

② 右键单击“角色”项，在弹出的快捷菜单中选择“新建数据库角色”命令，打开“数据库角色属性—新建角色”对话框。

③ 在“名称”文本框中输入新角色的名称。如果要添加“标准角色”，则单击“添加”按钮将成员添加到“标准角色”列表中；如果要添加“应用程序角色”，则要输入密码。

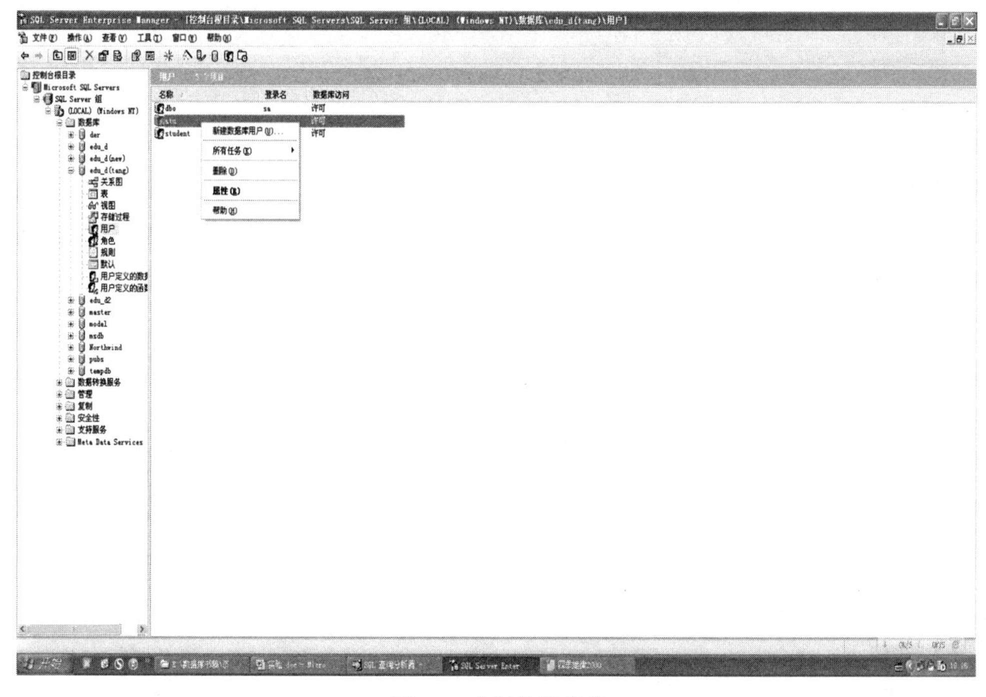

图 8-6　右键快捷菜单

8. 修改角色

① 在角色列表中右键单击要修改的角色，在弹出的快捷菜单中选择“属性”命令，打开“数据库角色属性”对话框。

② 在角色属性对话框中修改角色的属性。

9. 删除角色

在角色列表中右键单击要修改的角色，在弹出的快捷菜单中选择“删除”命令，即可删除角色。

三、设计操作

备份并还原自己设计的数据库。

实验 9　数据定义和数据更新

一、实验目的

1. 学会用 SQL 语句创建数据表，包括插入、修改和删除等。
2. 掌握用 SQL 语句进行数据更新。

二、实验内容

1. 把实验 2 中的 3 张表用 SQL 语句定义，并用 SQL 语句输入数据。
2. 把 SNO 为“S4”的供应商的状态改为 15。
3. 把颜色为“红”色的螺母的重量改为 18。
4. 把 S1 供应的零件号、数量、价格、总价单独存为另一张表。
5. 给 PS 表添加一列，名称为备注，类型为 varchar 类型，长度为 10。
6. 把 S 表中的状态一列删除。
7. 删除 PS 表中的 S3 所供应的商品信息。
8. 把 PS 表中的各种商品的价格提高一倍。
9. 删除 P4 号零件的信息。
10. 删除 PS 表中价格低于 1 的记录信息。

三、设计操作

以规范化理论为指导，进一步完善自己的数据库，完成设计操作题。

附录 A　实验中用到的 EDU_D 数据库中的数据表

（1）Stu_info（XH（varchar）、XM（varchar）、XBM（varchar）、CSRQ（varchar）、XSH（varchar）、ZYH（varchar）、BH（varchar）、RXSJ（varchar）、JG（varchar）），分别代表（学号、姓名、性别、出生日期、学院号、专业号、班级名称、入学时间、籍贯）。

（2）GDEPT 表（XSH（char）、XSM（varchar）），分别代表（学院号、学院名称）。

（3）GFIED 表（ZYH（varchar）、ZYM（varchar）、XSH（varchar）），分别代表（专业号、专业名称、学院号）。

（4）GABN 表（XSH（varchar）、ZYH（varchar）、BH（varchar）），分别代表（学院号、专业号、班级名称）。

（5）GCOURSE 表（KCH（varchar）、KM（varchar）），分别代表（课程号、课程名称）。

（6）XK 表（XH（varchar）、KCH（varchar）、KKNY（varchar）、KCXF（varchar）、JSH（varchar）、BZ（varchar）、KSCJ（float）），分别代表（学号、课程号、开课学期、课程学分、教师姓名、备注、考试成绩）。

第 3 篇　知识要点与习题

学习数据库技术及应用要抓住每章的知识要点，这些知识要点是计算机等级考试、期末考试及其他各种考试的常考点。掌握了各章的知识要点，即可把握住学习本门课程的脉络。

习题是对所学知识的检验，读者应注意自主练习。要通过做题掌握相关知识，并学会运用这些知识去解决问题——能够自己设计数据库解决更多的问题才是学习本门课程的最终目的！

另外，本部分还提供了教材习题的参考答案，供读者参考。

第1章 绪　论

通过本章的学习，掌握数据库的基本概念和基本术语、数据库系统的特点，理解数据库管理系统的功能。掌握概念模型及其表示方法（E-R图），理解层次模型和网状模型，掌握关系模型。掌握数据库系统的三级模式和两级映像结构，理解数据独立性功能。理解数据库系统的组成和数据库管理员的职责。

1.1 知识要点

1．数据库系统概述

数据库的概念最早产生于20世纪50年代，当时它仅把各种数据收集在一起，称为Information Base或Database。1968年，IBM公司推出了层次模型IMS系统；1969年，DBTG提出了网状模型；1970年，IBM公司的研究人员提出了关系模型。进入21世纪后，面向对象数据库和网络数据库技术逐渐得到应用。

数据库系统的出现使信息系统从以程序为中心转向以数据为中心。数据库技术的应用程度已经成为衡量信息化程度的重要标志之一。

（1）信息与社会

数据从现实世界进入数据库需要经历三个阶段：现实世界阶段、信息世界阶段和机器世界阶段。

对现实世界中的各种事物及其联系进行抽象和概念化，并反映在人们的心目中，这就构成了信息世界。人们用信息模型（或称概念模型）对信息世界进行描述。对这些信息进行数字化，用能够被计算机识别的字符和数字来表示，就转换到了机器世界。注意信息世界和机器世界概念的对应关系。

（2）数据库的基本概念

数据库的基本概念包括：数据（Data）、数据库（DataBase，DB）、数据库管理系统（DBMS）、数据库系统（DBS）。

（3）数据库系统的特点

数据库系统的特点包括：数据结构化；数据的共享性高，冗余度低，容易扩充；数据独立性高；数据由DBMS统一管理和控制。

（4）数据库管理系统的功能

数据库管理系统的功能包括六方面：数据定义；数据操纵；数据库运行管理；数据组织、存储和管理；数据库的建立和维护；数据通信接口。

2．数据模型

数据模型是数据库系统的核心和基础，任何一种数据库管理系统都是基于某种数据模型的。数据模型是人们对现实世界的认识和理解，也是对现实世界特征的模拟和抽象。不同的数据库管理系统中，应使用不同的数据模型。

数据模型必须要满足以下基本要求：能按照人们的要求真实地表示和模拟现实世界；容易被人们理解；容易在计算机上实现。

数据模型更多地强调数据库的框架和数据结构形式，而不关心具体数据。

根据数据模型的应用目的不同，数据模型分为两类：第一类是概念模型，也称为信息模型，它是按用户的观点来对数据和信息建模的，主要用于数据库设计；第二类是逻辑模型和物理模型，逻辑模型主要包括层次模型、网状模型和关系模型等，它是按计算机系统的观点对数据建模的，主要用于 DBMS 的实现。物理模型是对数据最底层的抽象，用于描述数据的存储方式和存取方法，是面向计算机系统的。物理模型的具体实现是 DBMS 的任务，用户一般不必考虑物理级的细节。通常说的数据模型是指逻辑模型。

（1）概念模型

概念模型用于信息世界的建模，是现实世界到信息世界的第一层抽象，是数据库设计人员进行数据库设计的工具，也是数据库设计人员与用户之间进行交流的语言。概念模型不涉及数据组织，也不依赖于数据的组织结构，它只是现实世界到机器世界的一个中间描述形式。

信息世界中的基本概念有：实体、属性、码、实体集、实体型。

实体型之间的联系分为三种：一对一联系（1:1）、一对多联系（1:n）、多对多联系（m:n）。这种联系不仅存在于两个实体型之间，还存在于两个以上的实体型之间，单个实体型内也存在这种联系。

概念模型的表示方法很多，最为常用的是 P. P. S. Chen 于 1976 年提出的实体-联系方法(E-R 方法)，该方法用 E-R 图来描述现实世界的概念模型，因此，E-R 方法也称为 E-R 模型。E-R 方法分别用矩形、椭圆和菱形表示实体型、属性和联系。

（2）数据模型的组成要素

数据模型是严格定义的一组概念的集合，这些概念精确地描述了系统的静态特性、动态特性和完整性约束条件。因此，数据模型通常由数据结构、数据操作和完整性约束三部分组成。

（3）常用数据模型

① 层次模型

层次模型用树形结构来表示各类实体以及实体间的联系。层次模型满足两个条件：有且只有一个结点没有双亲结点，该结点称为根结点；根以外的其他结点有且只有一个双亲结点。因此，层次数据库系统便于处理一对多的实体联系。

② 网状模型

网状模型满足两个条件：允许一个以上的结点无双亲；一个结点可以有多于一个的双亲。网状模型是一种更具普遍性的结构，可以直观地描述现实世界。层次模型实际上是网状模型的一个特例。

③ 关系模型

关系模型是目前最重要的一种数据模型，它建立在严格的数学概念的基础上，以关系代数为理论基础，以集合为操作对象。从用户的观点看，关系模型由一组关系组成，每个关系的数据结构是一张规范化的二维表。所谓规范化，是指关系的每一个分量必须是不可分的数据项，即不允许表中还有表。

一个关系对应通常说的一张二维表，表中的一行即为一个元组，一列即为一个属性，元组中的一个属性值称为分量。对关系的描述称为关系模式，一般表示为：

关系名（属性 1，属性 2，…，属性 n）

3. 数据库系统结构

从数据库管理系统角度看，数据库系统通常采用三级模式结构，这是数据库管理系统内部的结构。

（1）数据库系统的三级模式结构

在数据模型中有“型”（Type）和“值”（Value）的概念。型是指对某一类数据的结构和属性的说明，值是型的一个具体赋值。

模式是数据库中全体数据结构的逻辑结构和特征的描述，它仅仅涉及型的描述，不涉及具体的值。

模式的一个具体值称为模式的一个实例。同一个模式可以有很多实例。模式是相对稳定的，而实例是相对变动的，因为数据库中的数据是在不断更新的。模式反映的是数据的结构及其联系，而实例反映的是数据库某一时刻的状态。

数据库系统的三级模式结构由外模式、模式和内模式组成。

模式也称逻辑模式，是数据库中全体数据的逻辑结构和特征的描述，是所有用户的公共数据视图。它是数据库系统模式结构的中间层，既不涉及数据的物理存储细节和硬件环境，也与具体的应用程序、所使用的开发工具及高级程序设计语言无关。模式实际上是数据库数据在逻辑级上的视图，一个数据库只有一个模式。

外模式也称子模式或用户模式，它是数据库用户（包括应用程序员和最终用户）能够看见和使用的局部数据的逻辑结构和特征的描述，是数据库用户的数据视图，是与某一应用有关的数据的逻辑表示。外模式通常是模式的子集，一个数据库可以有多个外模式。外模式是保证数据库安全性的有力措施，每个用户只能看见和访问所对应的外模式中的数据，数据库中的其余数据是不可见的。

内模式也称存储模式，一个数据库只有一个内模式。它是数据物理结构和存储方式的描述，是数据在数据库内部的表示方式。

（2）二级映像与数据独立性

数据库系统的三级模式是对数据的 3 个抽象级别，为了能在系统内部实现这 3 个抽象层次的联系和转换，数据库管理系统在这三级模式之间提供了两层映像：外模式/模式映像、模式/内模式映像，正是这两层映像保证了数据库系统中的数据能够具有较高的逻辑独立性和物理独立性。

① 外模式/模式映像

对于每一个外模式，数据库系统都有一个外模式/模式映像，它定义了该外模式与模式之间的对应关系。这些映像定义通常包含在各自外模式的描述中。

当模式改变时，由数据库管理员对各个外模式/模式映像做相应的改变，可以使外模式保持不变。应用程序是根据数据的外模式编写的，从而应用程序不必修改，保证了数据与程序的逻辑独立性，简称数据的逻辑独立性。

② 模式/内模式映像

数据库中只有一个模式，也只有一个内模式，所以模式/内模式映像是唯一的，它定义了数据全局逻辑结构与存储结构之间的对应关系。该映像定义通常包含在模式描述中。

当数据库的存储结构改变时，由数据库管理员对模式/内模式映像做相应改变，可以使模式保持不变，从而应用程序也不必改变，保证了数据与程序的物理独立性，简称数据的物理独立性。

4．数据库系统的组成

数据库系统由数据库、数据库管理系统、应用程序、数据库的软/硬件支撑系统、数据库管理员等组成。

数据库管理员负责全面管理和监控整个数据库系统，具体职责包括：

① 参与数据库系统的设计与建立；

② 决定数据库的存储结构和存取策略；

③ 对系统的运行进行监控；

④ 定义数据的安全性要求和完整性约束条件；

⑤ 负责数据库性能的改进和数据库的重建及重构工作。

1.2 习　　题

一、选择题

1. 下列有关数据库的描述，正确的是（　　）。
   A）数据库是一个 DBF 文件　　B）数据库是一个关系
   C）数据库是一个结构化的数据集合　　D）数据库是一组文件
2. 数据库是在计算机系统中按照一定的数据模型组织、存储和应用的（　　）。
   A）文件的集合　　B）数据的集合
   C）命令的集合　　D）程序的集合
3. 在数据库管理技术发展的 3 个阶段中，数据共享最好的是（　　）。
   A）人工管理系统　　B）文件系统阶段
   C）数据库系统阶段　　D）3 个阶段相同
4. 数据库系统是指在计算机系统中引入数据库后的软/硬件系统构成，通常可以分为（　　）。
   A）硬件和软件　　B）硬件和用户　　C）软件和用户　　D）硬件、软件和用户
5. 下列叙述中正确的是（　　）。
   A）数据库系统是一个独立的系统，不需要操作系统的支持
   B）数据库技术的根本目标是要解决数据的共享问题
   C）数据库管理系统就是数据库系统
   D）以上 3 种说法都不对
6. 与人工管理方法和文件系统方法相比较，下列条目中哪些是数据库系统的特征？（　　）
   Ⅰ. 数据结构化　　Ⅱ. 数据共享性高、冗余度小　　Ⅲ. 数据容易扩充
   Ⅳ. 数据独立性高　　Ⅴ. 数据由 DBMS 统一管理和控制
   A）Ⅰ、Ⅱ和Ⅲ　　B）Ⅱ、Ⅲ和Ⅳ　　C）Ⅲ、Ⅳ和Ⅴ　　D）都是
7. 下列关于数据库系统的正确叙述是（　　）。
   A）数据库中只存在数据项之间的联系
   B）数据库的数据项之间和记录之间都存在联系
   C）数据库的数据项之间无联系，记录之间存在联系
   D）数据库的数据项之间和记录之间都不存在联系
8. 在数据库中，产生数据不一致的根本原因是（　　）。
   A）数据存储量太大　　B）没有严格保护数据
   C）未对数据进行完整性控制　　D）数据冗余
9. 数据库管理系统是（　　）。
   A）操作系统的一部分　　B）在操作系统支持下的系统软件
   C）一种编译系统　　D）一种操作系统
10. DB、DBMS 和 DBS 三者间的关系为（　　）。
    A）DB 包括 DBMS 和 DBS　　B）DBS 包括 DB 和 DBMS
    C）DBMS 包括 DBS 和 DB　　D）DBS 与 DB 和 DBMS 无关
11. DBMS 通过加锁机制允许用户并发访问数据库，这属于 DBMS 提供的（　　）。
    A）数据定义功能　　B）数据操纵功能
    C）数据库运行管理和控制功能　　D）数据库建立和维护功能

12．数据库管理系统中负责数据模式定义的语言是（　　）。

A）数据定义语言　B）数据管理语言　C）数据操作语言　D）数据控制语言

13．数据库管理系统 DBMS 中用来定义模式、内模式和外模式的语言为（　　）。

A）C　B）Basic　C）DDL　D）DML

14．数据库管理系统实现对数据库中数据查询、插入、修改和删除的功能称为（　　）。

A）数据定义功能　B）数据管理功能　C）数据操作功能　D）数据控制功能

15．下列叙述中错误的是（　　）。

A）在数据库系统中，数据的物理结构必须与逻辑结构一致

B）数据库技术的根本目标是要解决数据的共享问题

C）数据库设计是指在已有数据库管理系统的基础上建立数据库

D）数据库系统需要操作系统的支持

16．数据库中查询操作的数据库语言是（　　）。

A）数据定义语言　B）数据管理语言　C）数据操纵语言　D）数据控制语言

17．以下关于数据库系统层次结构错误的是（　　）。

A）数据库系统层次结构包括硬件、软件和用户

B）软件包括系统软件和应用软件

C）计算机硬件平台要求足够大的内存和外存

D）用户不包括 DBA

18．以下关于数据模型要求错误的是（　　）。

A）能够比较真实地模拟现实世界

B）容易为人们所理解

C）便于在计算机上实现

D）目前大部分数据模型能够很好地同时满足这三方面的要求

19．下列关于概念数据模型的说法，错误的是（　　）。

A）概念数据模型并不依赖于具体的计算机系统和数据库管理系统

B）概念数据模型便于用户理解，是数据库设计人员于用户交流的工具，主要用于数据库设计

C）概念数据模型不仅描述了数据的属性特征，而且描述了数据应满足的完整性约束条件

D）概念数据模型是现实世界到信息世界的第一层抽象，强调语义表达功能

20．实体联系模型简称 E-R 模型，是数据库设计常用的一种建模方法。关于 E-R 模型，下列说法错误的是（　　）。

A）E-R 模型能帮助建模人员用一种简单的方法描述现实世界中的数据及数据之间的联系

B）用 E-R 模型建模的基本思路是分类标识客观事物，将具有相同属性特征的事物抽象为实体集

C）E-R 模型可以描述实体集之间一对一、一对多和多对多联系，也可以描述一个实体集中记录之间的联系

D）用 E-R 模型描述实体集及实体集之间的联系时，需要考虑数据在计算机中存储及处理的特征

21．在数据库技术中，实体-联系模型是一种（　　）。

A）概念数据模型　B）结构数据模型　C）物理数据模型　D）逻辑数据模型

22．实体-联系模型可以形象地用 E-R 图表示，在 E-R 图中以（　　）来表示实体类型。

A）菱形　B）椭圆形　C）矩形　D）三角形

23. 在 E-R 图中，用来表示实体之间联系的图形是（　　）。

A）矩形　　B）椭圆形　　C）菱形　　D）平行四边形

24. 一个工作人员可使用多台计算机，而一台计算机可被多人使用，则实体工作人员与实体计算机之间的联系是（　　）。

A）一对一　　B）一对多　　C）多对多　　D）多对一

25. 一间宿舍可以住多个学生，在实体宿舍和学生之间的联系是（　　）。

A）一对一　　B）一对多　　C）多对一　　D）多对多

26. 一个教师可讲授多门课程，一门课程可由多个教师讲授。则实体教师和课程间的联系是（　　）。

A）1:1 联系　　B）1:m 联系　　C）m:1 联系　　D）m:n 联系

27. “商品”与“顾客”两个实体之间的联系一般是（　　）。

A）一对一　　B）一对多　　C）多对一　　D）多对多

28. 用树形结构表示实体之间联系的数据模型是（　　）。

A）关系模型　　B）网状模型　　C）层次模型　　D）以上三个都是

29. （　　）是主流数据库系统中最常见的一种数据模型。

A）网状模型　　B）关系模型　　C）面向对象模型　　D）实体-联系模型

30. 数据库的网状模型应该满足的条件是（　　）。

A）允许一个以上的结点无父结点，也允许一个结点有多个父结点

B）必须有两个以上的结点

C）有且仅有一个结点无父结点，其余结点都只有一个父结点

D）每个结点有且仅有一个父结点

31. 层次型、网状型和关系型数据的划分原则是（　　）。

A）记录长度　　B）文件的大小

C）联系的复杂程度　　D）数据之间的联系方式

32. 20 世纪 70 年代数据库系统语言协会（CODASYL）下属的数据库任务组（DBTG）提出的 DBTG 系统是（　　）的典型代表。

A）层次数据模型　　B）网状数据模型

C）关系数据模型　　D）面向对象数据模型

33. 以下哪种类型的数据库使用树形数据结构组织和存储数据？（　　）

A）层次数据库　　B）网状数据库　　C）关系数据库　　D）面向对象数据库

34. 采用二维表格结构表示实体类型及实体间联系的数据模型是（　　）。

A）层次模型　　B）网状模型　　C）关系模型　　D）面向对象模型

35. 数据的最小组成单位是（　　）。

A）元数据　　B）元组　　C）记录　　D）数据项

36. 数据库系统达到了数据独立性是因为采用了（　　）。

A）层次模型　　B）网状模型　　C）关系模型　　D）三级模式结构

37. 数据库系统的三级模式结构是指（　　）。

A）模式，内模式，存储模式　　B）子模式，模式，概念模式

C）外模式，模式，内模式　　D）外模式，模式，子模式

38. 在数据库系统中，下列（　　）映像关系用于提供数据与应用程序间的逻辑独立性。

A）外模式/模式　　B）模式/内模式

C）外模式/内模式　　D）逻辑模式/内模式

39．在数据库系统中，下列（　　）映像关系用于提供数据与应用程序间的物理独立性。

A）外模式/模式　　B）模式/内模式

C）外模式/内模式　　D）用户模式/内模式

40．要保证数据的物理数据独立性，需要修改的是（　　）。

A）模式　　B）模式/内模式映像

C）外模式/模式映像　　D）逻辑模式/内模式

41．在数据库系统中，用户所见的数据模式为（　　）。

A）概念模式　　B）外模式　　C）内模式　　D）物理模式

42．数据库系统的三级模式不包括（　　）。

A）概念模式　　B）内模式　　C）外模式　　D）数据模式

43．一个数据库系统的外模式（　　）。

A）有且仅有一个　　B）最多只能有一个　C）至少两个　　D）可以有多个

44．关于数据视图与三级模式，下列说法错误的是（　　）。

A）数据视图是指用户从某个角度看到的客观世界数据对象的特征

B）外模式是数据库用户能使用的局部数据，描述外模式时，通常需要给出其物理结构

C）概念模式以数据模型的形式描述数据

D）三级模式结构实现了数据的独立性

45．关于数据模型和模式结构，下列说法正确的是（　　）。

Ⅰ．数据库系统的开发者利用数据模型描述数据库的结构和语义，通过现实世界到信息世界再到机器世界的抽象和转换，构建数据库

Ⅱ．数据结构模型是按用户的观点对数据进行建模，是现实世界到信息世界的第一层抽象，强调语义表达功能，易于用户理解，是用户与数据库设计人员交流的工具

Ⅲ．在数据模型中有“型”和“值”的概念，其中值是对某一类数据的结构和属性的说明

Ⅳ．在三级模式结构中，概念模式是对数据库中全体数据的逻辑结构和特征的描述，是所有用户的公共数据视图

A）Ⅰ和Ⅳ　　B）Ⅱ、Ⅲ和Ⅳ　　C）Ⅰ和Ⅱ　　D）Ⅱ和Ⅳ

46．关于数据库管理系统功能，下列说法完全正确的是（　　）。

Ⅰ．数据管理系统具有将E-R模型转换为数据结构模型、数据库操作、数据库运行管理和控制、数据库建立和维护的功能

Ⅱ．数据管理系统具有将E-R模型转换为数据结构模型、数据库定义、数据库操作、数据库运行管理和控制、数据库建立和维护的功能

Ⅲ．数据管理系统具有数据库定义、数据库操作、数据库运行管理和控制、数据库建立和维护功能

Ⅳ．数据管理系统具有数据库定义、数据库操作、数据库运行管理和控制、数据库建立和维护，以及直接存取数据等功能

A）Ⅰ和Ⅳ　　B）Ⅱ、Ⅲ和Ⅳ　　C）Ⅰ和Ⅱ　　D）Ⅲ

47．关于数据库系统，有下列说法：

Ⅰ．数据库系统自上而下可以分为用户、人机交互界面、DBMS和磁盘4个层次

Ⅱ．数据库系统是采用了数据库技术的计算机系统

Ⅲ．数据库系统是位于用户与操作系统之间的数据库管理系统

Ⅳ．DBS由DB、软件和DBA组成

以上说法完全正确的是（　　）。

A）Ⅰ和Ⅳ　　B）Ⅱ、Ⅲ和Ⅳ　　C）Ⅰ和Ⅱ　　D）Ⅲ

48. 由计算机硬件、DBMS、数据库、应用程序及用户等组成的一个整体叫做（　　）。

A）文件系统　　B）数据库系统

C）数据库管理系统　　D）软件系统

49. （　　）负责三级模式结构的定义和修改，负责数据库系统的日常运行维护。

A）专业用户　　B）程序员　　C）DBA　　D）普通用户

50. 下列有关数据库的描述，正确的是（　　）。

A）数据处理是将信息转化为数据的过程

B）数据的物理独立性是指当数据的逻辑结构改变时，数据的存储结构不变

C）关系中的每一列称为元组，一个元组就是一个字段

D）如果一个关系中的属性或属性组并非该关系的关键字，但它是另一个关系的关键字，则称其为本关系的外关键字

二、填空题

1. 数据是信息的符号表示或载体；信息是数据的内涵，是数据的语义解释。例如，“世界人口已经达到 70 亿”，这是____________。

2. 数据管理技术发展过程经过人工管理、文件系统和数据库系统 3 个阶段，其中数据独立性最高的阶段是____________。

3. “数据不保存”是数据管理中____________阶段的特点。

4. “数据结构化”是数据管理中____________阶段的独有特点。

5. 数据库系统与文件系统的根本区别是____________。

6. 数据库系统的核心是____________。

7. 在数据库系统中，实现各种数据管理功能的核心软件称为____________。

8. 在数据库管理阶段系统提供的数据定义语言、数据操纵语言和数据控制语言中，____________负责数据的模式定义与数据的物理存取构建。

9. 数据模型应该满足的三方面要求是：比较真实地模拟现实世界、____________和____________。

10. 按用户的观点来对数据和信息建模的模型称为____________，也叫信息模型。

11. 假设一名学生可以选修多门课程，且一门课程有多名学生选修，则学生和课程之间的联系是____________。

12. 数据模型的三要素是____________、____________和____________。

13. 数据库管理系统常见的数据模型有层次模型、网状模型和____________3 种。

14. 数据模型按不同应用层次分成 3 种类型，它们是概念数据模型、____________和物理数据模型。

15. 在数据库技术中，实体集之间的联系可以是一对一或一对多或多对多的，那么“学生”和“可选课程”的联系为____________。

16. 在 E-R 图中，图形包括矩形框、菱形框、椭圆框。其中表示实体联系的是____________框。

17. 数据独立性分为逻辑独立性与物理独立性。当数据的逻辑结构改变时，应用程序不必修改，称为____________。

18. 当数据的物理结构（存储结构、存取方式等）改变时，不影响数据库的逻辑结构，从而不致引起应用程序的变化，这是指数据的____________。

19．数据库管理系统为三级模式结构提供了两层映像机制，其中外模式/模式映像提供了____________独立性。

20．在使用数据库的所用人员中，最重要的是____________。

三、简答题

1．试述概念模型的作用。

2．名词解释：实体，实体型，实体集，属性，码，实体联系图（E-R 图）

3．试给出一个实际部门的 E-R 图，要求有 3 个实体型，而且 3 个实体型之间有多对多联系。3 个实体型之间的多对多联系和 3 个实体型两两之间的三个多对多联系等价吗？为什么？

4．系统分析员、数据库设计人员、应用程序员的职责分别是什么？

四、综合题

1．学校中有若干学院，每个学院有若干班级和系，每个系有若干教师，每个教师指导多个学生，每个班有若干学生，每个学生选修若干课程，每门课程可由若干学生选修。请用 E-R 图画出学校的概念模型。

2．设有商店和顾客两个实体，“商店”的属性有商店编号、商店名、地址、电话，“顾客”的属性有顾客编号、姓名、地址、性别。假设一个商店有多位顾客购物，一个顾客可以到多个商店购物，顾客每次去商店购物有一个消费金额和日期，而且规定每个顾客在每个商店里每天最多消费一次。请画出 E-R 图，并注明属性和联系类型。

3．某工程项目公司的信息管理系统涉及三个实体，“职工”的属性有职工编号、姓名、性别、居住城市，“项目”的属性有项目编号、项目名称、状态、所在城市、负责人编号。一个职工可以参与多个项目，一个项目需要多个职工参与。每个项目必须有负责人，且负责人为职工关系中的成员。请画出 E-R 图，并注明属性和联系类型。

1.3 习题参考答案

一、选择题

1．A	2．B	3．C	4．D	5．B	6．D	7．B	8．D	9．B
10．B	11．C	12．A	13．C	14．C	15．A	16．C	17．D	18．D
19．C	20．D	21．A	22．C	23．C	24．C	25．B	26．D	27．D
28．C	29．B	30．A	31．D	32．B	33．A	34．C	35．D	36．D
37．C	38．A	39．B	40．B	41．B	42．D	43．D	44．B	45．A
46．D	47．C	48．B	49．C	50．D				

二、填空题

1．信息

2．数据库系统阶段

3．人工管理

4．数据库系统

5．数据结构化

6．数据模型
7．数据库管理系统（DBMS）
8．数据定义语言
9．容易为人所理解、便于在计算机上实现
10．概念模型
11．多对多（m:n）
12．数据结构、数据操作、完整性约束
13．关系模型
14．数据模型
15．多对多
16．菱形
17．逻辑独立性
18．物理独立性
19．逻辑
20．数据库管理员（DBA）

三、问答题

1．概念模型实际上是现实世界到机器世界的一个中间层次。概念模型用于信息世界的建模，是现实世界到信息世界的第一层抽象，是数据库设计人员进行数据库设计的有力工具，也是数据库设计人员和用户之间进行交流的语言。

2．实体：客观存在并可以相互区分的事物叫实体。

实体型：具有相同属性的实体具有相同的特征和性质，用实体名及其属性名集合来抽象和刻画同类实体，称为实体型。

实体集：同型实体的集合称为实体集。

属性：实体所具有的某一特性，一个实体可由若干属性来刻画。

码：唯一标识实体的属性或属性集称为码。

实体联系图（E-R 图）：提供了表示实体型、属性和联系的方法；实体型用矩形表示，矩形框内写明实体名；属性用椭圆形表示，并用无向边将其与相应的实体连接起来；联系用菱形表示，菱形框内写明联系名，并用无向边分别与有关实体连接起来，同时在无向边旁标上联系的类型（1:1、1:n 或 m:n）。

3．E-R 图如下：

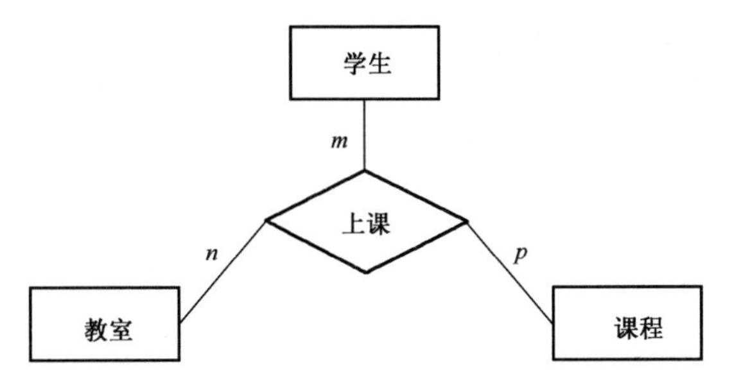

3 个实体型之间的多对多联系和 3 个实体型两两之间的 3 个多对多联系是不等价的，它们的语义不同。

4．系统分析员负责应用系统的需求分析与规范说明，系统分析员要和用户及 DBA 相结合，确定系统的硬件和软件配置，并参与数据库系统的概要设计。

数据库设计人员负责数据库中数据的确定及数据库各级模式的设计。数据库设计人员必须参加用户的需求调查和系统分析，然后进行数据库设计。在很多情况下，数据库设计人员由数据库管理员担任。

应用程序员负责设计和编写应用系统的程序模块，并进行调试和安装。

四、综合题

1.

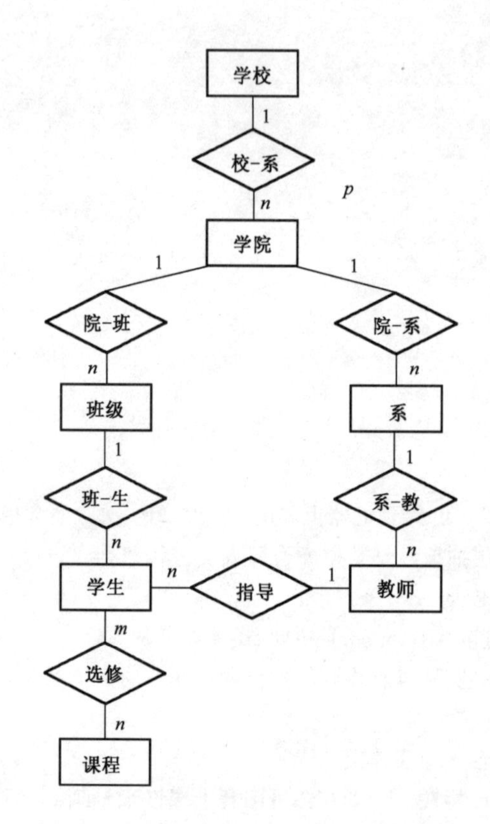

2.

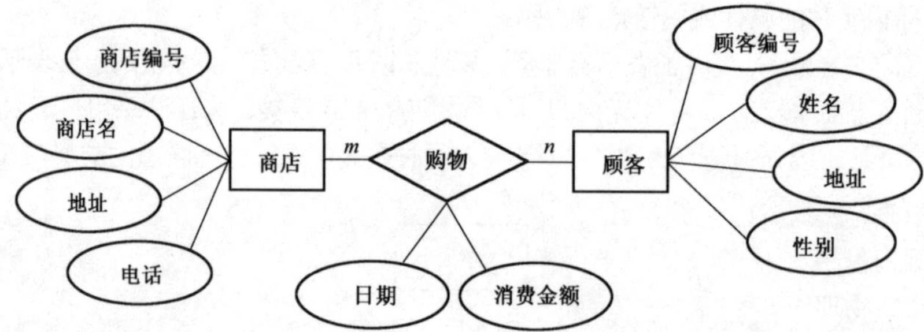

3.

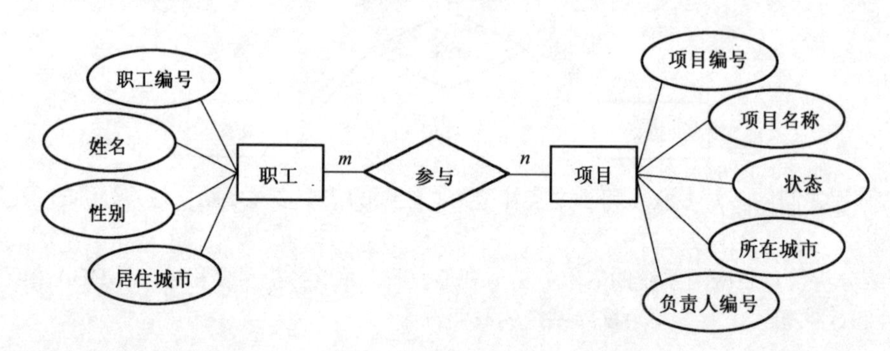

1.4　主教材习题参考答案

一、选择题

1. A　2. C　3. C　4. B　5. C　6. A　7. C　8. B　9. D
10. A　11. D　12. B　13. A

二、填空题

1. 数据
2. 逻辑独立性
3. 物理独立性
4. 层次模型、网状模型、关系模型
5. 能按照人们的要求真实地表示和模拟现实世界、容易被人理解、容易在计算机上实现
6. 实体、记录
7. 属性、字段
8. 码
9. 域
10. 一对一（1:1）、一对多（1:*n*）、多对多（*m*:*n*）
11. 实体-联系模型（E-R 模型）
12. E-R 模型
13. 层次模型、网状模型、关系模型
14. 数据操作、完整性约束
15. 矩形、菱形、椭圆
16. 层次模型、一对多
17. 网状模型
18. 关系模型
19. 关系
20. 内模式、模式、外模式
21. 三级模式、二级映像
22. 外模式、模式、内模式
23. 数据、程序
24. 逻辑、物理
25. 数据库管理系统（DBMS）、数据库管理员（DBA）

三、简答题

1. 数据是用来记录现实世界的信息，并可被机器识别的符号。数据是数据库中存储的基本对象，可以是文字、数字、图形、图像、声音等。数据与其语义是不可分的。

数据库是长期存储在计算机内、有组织、可共享的数据集合。数据库中的数据按照一定的数据模型组织、描述和存储，具有较小的冗余度、较高的数据独立性和易扩展性，并可为各种用户共享。

数据库管理系统是位于用户与操作系统之间的一层数据管理软件，用于科学地组织和存储数据、

高效地获取和维护数据。DBMS 的主要功能包括数据定义功能、数据操纵功能、数据库的运行管理功能、数据库的建立与维护功能。

数据库系统包括与数据库有关的整个系统，一般由数据库、数据库管理系统（及其开发工具）、应用程序、软/硬件支撑环境、数据库管理员和各种用户构成。

2．实体型是信息世界中对具有相同属性同类实体的抽象描述，它按用户的观点对数据和信息建模，用于数据库的概念设计。关系模式是机器世界中对关系模型数据库中关系结构的抽象描述，它按计算机系统的观点对数据建模，主要用于 DBMS 的实现。

3．① 数据结构化。数据结构化是数据库的主要特征之一，也是数据库系统与文件系统的根本区别。数据库系统中，数据不再仅仅针对某一个应用，而是面向全部应用，不仅数据内部是结构化的，整体也是结构化的，数据之间也存在着联系。因此描述数据时，不仅要描述数据本身，还要描述数据之间的联系。

② 数据的共享性高，冗余度低，容易扩充。

③ 数据独立性高。数据独立性包括逻辑独立性和物理独立性，指数据的逻辑结构和物理结构发生改变时，程序不会改变。这是由 DBMS 的三级模式结构和两级映像功能来保证的。

④ 数据由 DBMS 统一管理和控制。数据库的共享是并发共享，即多个用户可以同时存取数据库中的数据，因此，由 DBMS 提供统一的数据控制功能，包括安全性保护、完整性检查、并发控制和数据库恢复。

4．数据模型是人们对现实世界中事物认识和抽象的近似描述，是数据库设计过程中用来对现实世界进行抽象和描述的工具，用于描述数据、组织数据和对数据进行操作。

数据模型用于对现实世界中的具体事物进行抽象、描述和处理，便于把现实世界中的事物转化为数据库系统中的数据，是数据库系统的核心和基础。

数据模型的三要素即数据结构、数据操作和完整性约束。数据结构描述数据库的组成对象及对象之间的联系，即所描述的对象类型的集合，是对系统静态特性的描述。数据操作是指对数据库中各种对象（型）的实例（值）允许执行的操作的集合，包括允许执行的操作及操作规则，是对系统动态特性的描述。完整性约束是一组完整性规则的集合，用以保证数据的正确性、有效性和相容性。

5．数据库系统的三级模式结构由外模式、模式和内模式组成。

外模式也称为子模式或用户模式，是数据库用户能够看见和使用的局部数据的逻辑结构和特征的描述，是数据库用户的数据视图，是与某一应用有关的逻辑表示。

模式也称为逻辑模式，是数据库中全体数据的逻辑结构和特性的描述，是所有用户的公共数据视图。

内模式也称为存储模式，是数据在数据库系统内部的表示，即对数据的物理结构和存储方式的描述。

数据库系统的三级模式是针对数据的 3 个抽象级别，它把数据的具体组织留给 DBMS 管理，使用户能抽象地处理数据，而不必关心数据在计算机中的具体表示和存储方式。

6．逻辑独立性是指当模式改变时，由数据库管理员对各个外模式/模式映像做相应的改变，可以使外模式保持不变。应用程序依据数据的外模式编写，从而应用程序不必修改。

物理独立性是指当数据库的存储结构发生改变时，由数据库管理员对模式/内模式映像做相应的改变，可以使模式保持不变，从而应用程序也不必改变。

由数据库管理系统在三级模式结构之间提供的两级映像功能，保证了数据库系统中的数据具有较高的逻辑独立性和物理独立性。

7．数据库系统一般由数据库、数据库管理系统（及其开发工具）、应用程序、数据库的软/硬件支撑环境、数据库管理员和各种用户组成。

8．DBA 负责全面管理和控制数据库系统。具体职责包括：① 数据库系统的设计与建立；② 决定数据库的存储结构和存取策略；③ 监控数据库的使用和运行；④ 定义数据的安全性要求和完整性约束条件；⑤ 数据库系统的改进、重组和重构。

四、综合题

1.

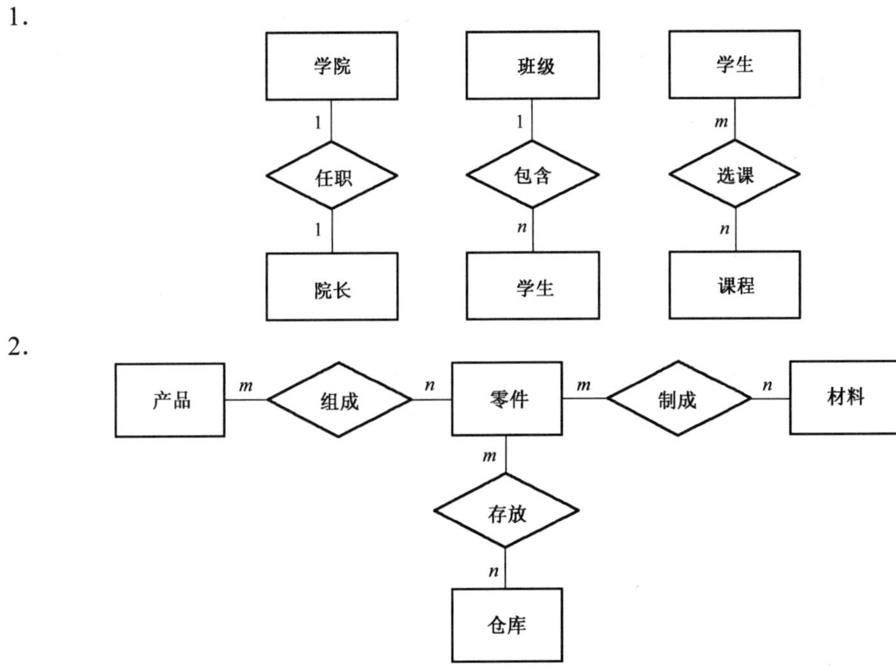

2.

各实体的属性如下：

产品：编号，名称，规格，价格

零件：编号，名称，规格，价格

材料：编号，名称，规格，价格

仓库：编号，名称，面积，地址，电话，责任人

3.

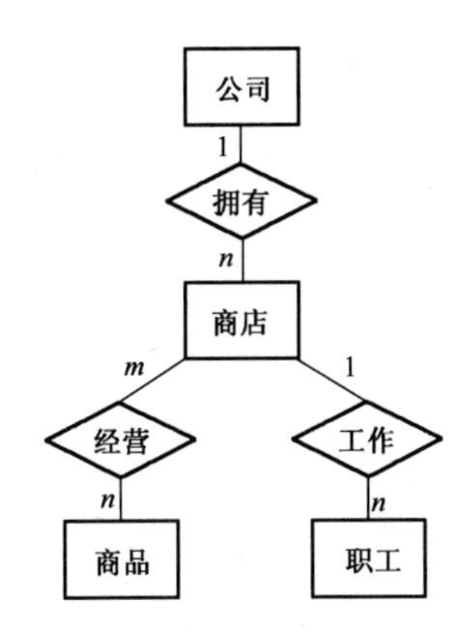

各实体的属性如下：

公司：公司名，地址，电话，总经理

商店：编号，店名，地址，电话，经理

商品：条形码，名称，规格，原价，现价，供货商，供货电话，生产厂家，厂家电话

职工：编号，姓名，性别，出生日期，职务，联系电话，家庭地址，工作商店

第2章　关系数据库

通过本章的学习，掌握关系数据模型的基本概念，掌握笛卡儿积、关系、码、候选码、主码、全码、主属性、非主属性等。理解关系模型的三个组成部分，掌握三类完整性规则：实体完整性、参照完整性和用户自定义完整性。掌握简单的关系运算：集合运算（并、交、差、广义笛卡儿积）、选择运算、投影运算和连接运算，重点掌握等值连接和自然连接。

2.1　知 识 要 点

1. 关系数据模型

关系模型是以关系代数理论为基础、以集合为操作对象的数据模型，于 1970 年由 IBM 公司的 E. F. Codd 提出。关系数据库管理系统（RDBMS）是支持关系模型的数据库管理系统。

（1）关系数据模型的基本概念

关系模型的基本概念包括：二维表、域、笛卡儿积、关系、元组、属性（字段）、码、候选码、主码、主属性、非主属性。

（2）关系数据模型的组成

关系数据模型简称关系模型，由关系数据结构、关系操作和关系完整性约束三部分组成。

关系模型的数据结构是关系，即二维表，现实世界的实体及实体间的各种联系均由关系来描述。关系具有以下特性：

① 每一个分量必须是不可再分的数据项；

② 每一列中的分量都来自同一个域；

③ 不同的列可取自相同的域，但要给定不同的列名；

④ 列的次序可交换，行的顺序也可交换；

⑤ 任何两行都不能完全相同。

关系操作也叫关系运算，是采用集合运算形式进行的操作，操作的对象和结果都是集合。常用的操作包括选择、投影、连接、除、并、交、差等运算。

关系的完整性约束是为了保证数据库中存储的数据的准确性和一致性。关系模型中的完整性包括实体完整性、参照完整性和用户自定义完整性。

实体完整性规则为，若属性 A 是基本关系 R 的主属性，则属性 A 不能取空值，即主属性不能取空值。

参照完整性规则为，若基本关系 R 中含有与另一个基本关系 S 的主码 K_S 相对应的属性组 F（F 称为关系 R 的外码），则对于 R 中每个元组在 F 上的取值必须是：或者取空值，或者等于 S 中某个元组的主码值。

用户自定义完整性用于针对某一具体应用时规定数据必须满足的语义要求。关系模型应提供定义和检查这类完整性的机制。

2. 关系运算简介

关系模型的数学基础是关系代数，关系代数的运算对象是关系，运算结果也是关系。

关系运算中，集合运算是基本的关系运算，包括并、交、差、（广义）笛卡儿积。专门的关系运算包括选择、投影、连接。

并、差、笛卡儿积、选择和投影这五种操作是最基本的操作，其他操作均可以由这五种操作来表示。

（1）集合运算

集合运算是二目运算，包括并、交、差、（广义）笛卡儿积。前三种要求参加运算的两个关系目数必须相同，且相同的属性应取自同一个域。

（2）选择运算

选择运算（σ）是从给定的关系中选取满足一定条件的元组，即对数据表中的记录进行横向选择，运算结果组成一个新的关系。选择运算表示为：

$$\sigma_{\text{条件}}(\text{关系})$$

（3）投影运算

投影运算（$\prod$）是从一个关系中选择指定属性的操作，即对数据表中的记录进行纵向选择。投影运算表示为：

$$\prod_{\text{属性}}(\text{关系})$$

（4）连接运算

连接运算是从两个关系的笛卡儿积中选取满足一定连接条件的元组集合。R 和 S 两个关系的连接操作定义为，首先形成 R 与 S 的笛卡儿积，然后选择某些元组（选择条件由连接时指定）。R 与 S 的连接运算表示为：

$$R \underset{F}{\bowtie} S$$

其中，F 为连接条件。

连接运算中最重要也最常用的连接是等值连接和自然连接。连接条件 F 中的比较运算符为“=”时的连接运算称为等值连接。自然连接是一种特殊的等值连接，它要求两个关系中进行比较的分量必须是相同的属性组，并且要在结果中把重复的属性去掉。等值连接表示为：

$$R \bowtie S$$

2.2　习　　题

一、选择题

1．以下关于关系的表现形式叙述错误的是（　　）。

A）关系是一张二维表　　B）表中的一行被称为一个记录

C）属性由一组域值组成　　D）一个指定的关系表中可以存放重复的记录

2．在学生管理的关系数据库中，存取一个学生信息的数据单位是（　　）。

A）文件　　B）数据库　　C）字段　　D）记录

3．若关系 R 和关系 S 的元组数分别是 3 和 4，关系 T 是 R 与 S 的笛卡儿积，即 $T=R\times S$，则关系 T 的元组数是（　　）。

A）7　　B）9　　C）12　　D）16

4．在基本的关系中，下列说法中正确的是（　　）。

A）行列顺序有关　　B）属性名允许重名

C）任意两个元组不允许重复　　D）列是非同质的

5. 对于关系的主码必须满足的条件，有下列说法：

Ⅰ. 一个关系中的主码能唯一标识该关系中的所有其他属性

Ⅱ. 一个关系中的主码属性不能与其他关系中的主码属性重名

Ⅲ. 在一个关系中，一个主码属性的任一真子集都不能标识一个元组

Ⅳ. 在一个关系中，从主码属性集中去掉某个属性仍能唯一标识一个元组

以上说法正确的是（ ）。

A）Ⅰ和Ⅳ B）Ⅰ和Ⅲ C）Ⅱ和Ⅲ D）Ⅱ和Ⅳ

6. 当关系有多个候选码时，则选定一个作为主码，但若主码为全码时应包含（ ）。

A）单个属性 B）两个属性 C）多个属性 D）全部属性

7. 设有表示学生选课的三张表，学生 S（学号，姓名，性别，年龄，身份证号），课程 C（课号，课名），成绩 SC（学号，课号，成绩），则表 SC 的码为（ ）。

A）课号，成绩 B）学号，成绩

C）学号，课号 D）学号，姓名，成绩

8. 在下面两个关系中，职工号和部门号分别为职工关系和部门关系的主码：

职工（职工号，职工名，部门号，职务，工资）

部门（部门号，部门名，部门人数，工资总额）

在这两个关系的属性中，只有一个属性是外码，它是（ ）。

A）"职工"关系中的"职工号" B）"职工"关系中的"部门号"

C）"部门"关系中的"部门号" D）"部门"关系中的"部门名"

9. 关系模型允许定义 3 类数据约束，下列不属于数据约束的是（ ）。

A）实体完整性约束 B）参照完整性约束

C）域完整性约束 D）用户自定义的完整性约束

10. 以下关于关系的完整性约束叙述错误的是（ ）。

A）关系是一个元数为 K（$K \geqslant 1$）的元组的结合

B）关系中不允许出现相同的元组

C）元组中属性按一定次序排列

D）关系中不考虑元组之间的顺序

11. 当关系引用了属性名以后，关系具有以下性质，其中说法错误的是（ ）。

A）部分属性值还可以再分 B）关系中不允许出现相同的元组

C）元组中属性左右无序 D）关系中不考虑元组之间的顺序

12. 数据库中数据的正确性和合法性是指关系的（ ）。

A）完整性 B）安全性 C）并发性 D）一致性

13. 关系代数的五个基本操作是（ ）。

A）并、交、差、笛卡儿积、除 B）并、交、选择、笛卡儿积、除

C）并、差、选择、投影、除 D）并、差、笛卡儿积、选择、投影

14. 关系代数的四个组合操作是（ ）。

A）交、连接、自然连接、除 B）投影、连接、选择、除

C）投影、自然连接、选择、除 D）投影、自然连接、选择、连接

15. 4 元关系 R 为 R(A, B, C, D)，则（ ）。

A）$\pi_{A,C}(R)$由取属性值 A、C 的两列组成

B）$\pi_{1,3}(R)$由取属性值 1、3 的两列组成

C）$\pi_{1,3}(R)$与 $\pi_{A,C}(R)$是等价的

D）$\pi_{1,3}(R)$与 $\pi_{A,C}(R)$是不等价的

16. R 为四元关系 $R(A, B, C, D)$，S 为三元关系 $S(B, C, D)$，$R \bowtie S$ 构成的结果集为（　　）元关系。

A）4　　B）3　　C）7　　D）6

17. 笛卡儿积是（　　）进行运算。

A）向关系的垂直方向

B）向关系的水平方向

C）既向关系的水平方向也向关系的垂直方向

D）先向关系的垂直方向，然后再向关系的水平方向

18. 自然连接是（　　）进行运算。

A）向关系的垂直方向

B）向关系的水平方向

C）既向关系的水平方向也向关系的垂直方向

D）先向关系的垂直方向，然后再向关系的水平方向

19. 有两个关系 R 和 S 如下：

R

A	B	C
a	3	2
b	0	1
c	2	1

S

A	B
a	3
b	0
c	2

由关系 R 通过运算得到关系 S，则所用的运算为（　　）。

A）选择　　B）投影　　C）插入　　D）连接

20. 有 3 个关系 R、S 和 T 如下：

R

A	B	C
a	1	2
b	2	1
c	3	1

S

A	B	C
d	3	2

T

A	B	C
a	1	2
b	2	1
c	3	1
d	3	2

其中关系 T 由关系 R 和 S 通过某种操作得到，该操作为（　　）。

A）选择　　B）投影　　C）交　　D）并

21. 有 3 个关系 R、S 和 T 如下：

R

A	B
m	1
n	2

S

B	C
1	3
3	5

T

A	B	C
m	1	3

由关系 R 通过运算得到关系 S，则所用的运算为（　　）。

A）笛卡儿积　　B）交　　C）并　　D）自然连接

22. 有 3 个关系 R、S 和 T 如下：

R

B	C	D
a	0	k_1
b	1	n_1

S

B	C	D
f	3	h_2
a	0	k_1
n	2	x_1

T

B	C	D
a	0	k_1

由关系 *R* 和 *S* 通过运算得到关系 *T*，则所用的运算为（　　）。

A）并　　B）自然连接　　C）笛卡儿积　　D）交

23．有 3 个关系 *R*、*S* 和 *T* 如下：

R

A	B	C
a	1	2
b	2	1
c	3	1

S

A	D
c	4

T

A	B	C	D
c	3	1	4

由关系 *R* 和 *S* 通过运算得到关系 *T*，则所用的运算为（　　）。

A）自然连接　　B）交　　C）投影　　D）并

24．有 3 个关系 *R*、*S* 和 *T* 如下：

R

A	B	C
a	1	2
b	2	1
c	3	1

S

A	B	C
a	1	2
b	2	1

T

A	B	C
c	3	1

由关系 *R* 和 *S* 通过运算得到关系 *T*，则所用的运算为（　　）。

A）自然连接　　B）差　　C）交　　D）并

25．有两个关系 *R* 和 *T* 如下：

R

A	B	C
a	1	2
b	2	2
c	3	2
d	3	2

T

A	B	C
c	3	2
d	3	2

由关系 *R* 通过运算得到关系 *T*，则所用的运算为（　　）。

A）选择　　B）投影　　C）交　　D）并

26．设有如下关系表：

R

A	B	C
1	1	2
2	2	3

S

A	B	C
3	1	3

T

A	B	C
1	1	2
2	2	3
3	1	3

则下列操作中正确的是（　　）。

A）$T=R\cap S$　　B）$T=R\cup S$　　C）$T=R\times S$　　D）$T=R\div S$

27．雇员信息表 EMP 的主键是“雇员号”，部门信息表 DEPT 的主键是“部门号”，EMP 表的“部门号”是外码。则下列哪个操作不能执行？（　　）

EMP

雇员号	雇员名	部门号	工资
001	张山	02	3600
010	王宏达	01	4200
056	张无忌	02	3000
101	赵敏	04	3500

DEPT

部门号	部门名	地址
01	业务部	1 号楼
02	销售部	2 号楼
03	服务部	服务楼
04	财务部	综合楼

A）从 EMP 中删除雇员号='001'的行

B）将 EMP 中雇员号='101'的部门号改为'05'

C）将 DEPT 中部门号='01'的地址改为'综合楼'

D）从 DEPT 中删除部门号='03'的行

二、填空题

1．在关系模型中，把数据视为二维表，每一个二维表称为一个__________。

2．在二维表中，元组的__________不可再分成更小的数据项。

3．在关系数据库中，用来表示实体及实体之间联系的是__________。

4．一个关系表的行称为__________。

5. 人员基本信息一般包括身份证号、姓名、性别、年龄等，其中可以作为主关键字的是__________。

6．有一个学生的选课关系，其中学生的关系模式为：学生（学号，姓名，班级，年龄），课程的关系模式为：课程（课程号，课程名，学时），其中两个关系模式的键分别是学号和课程号，则关系模式选课可定义为：选课（学号，__________，成绩）。

7．关系数据模型由__________、__________、__________三部分组成。

8．关系的完整性分为__________、__________、__________三类。

9．实体完整性约束要求关系数据库中元组的__________属性值不能为空。

10．在关系 A(S, SN, D)和关系 B(D, CN, NM)中，A 的主关键字是 S，B 的主关键字是 D，则称__________是关系 A 的外码。

11．关系运算是以__________为基础的运算。

12．关系运算中__________、__________、__________、__________和__________是五个基本运算，其他运算可以从基本的运算中导出。

13．关系代数的连接运算中，比较运算符为“=”的连接称之为__________，当比较的分量具有相同的属性，且在结果中去掉相同的重复属性时，则称为__________。

三、问答题

1．关系代数的基本操作有哪些？

2．关系与普通的表格、文件有什么区别？

3．试述笛卡儿积、θ 连接、等值连接与自然连接有什么区别。

4．在参照完整性中，为什么外码的属性值也可以为空？什么时候可以为空？

四、综合题

1．设有供应商关系 S 和零件关系 P，它们的主码分别是“供应商号”和“零件号”，零件关系 P 的属性“颜色”只能取值为（红，白，蓝），P 中的“供应商号”是外码。

（1）今向 P 插入新行，新行的值分别如下，它们是否能被插入？为什么？

①（'201'，'白'，'S10'）

②（'301'，'红'，'T11'）

③（'301'，'绿'，'B01'）

供应商关系 S

供应商号	供应商名	所在城市
B01	红星	北京
S10	宇宙	上海
T20	黎明	天津
Z01	立新	济南

零件关系 P

零件号	颜色	供应商号
010	红	B01
201	蓝	T20
312	白	S10

（2）若要删除关系 S 中的行，删除行的值分别列出如下。它们是否能被删除？为什么？

①（'S10'，'宇宙'，'上海'）

②（'Z01'，'立新'，'济南'）

（3）若修改关系 P 或关系 S，如下的修改操作是否都能执行？为什么？

① 将 S 表的供应商号'Z01'修改为'Z20'

② 将 P 表的供应商号'B01'修改为'B02'

2．设有一个供应商、零件、工程项目数据库 SPJ，并有关系如下：

S(Sno, Sname, Status, City)

J(Jno, Jname , City)

P (Pno, Pname, Color, Weight)

SPJ(Sno, Pno, Jno, Qty)

其中：

S(Sno, Sname, Status, City)分别表示：供应商代码、供应商名、供应商状态、供应商所在城市；

J(Jno, Jname , City)分别表示：工程号、工程名、工程项目所在城市；

P(Pno, Pname, Color, Weight)分别表示：零件代码、零件名称、零件颜色、零件重量；

SPJ(Sno, Pno, Jno, Qty)表示供应的情况，由供应商代码、零件代码、工程号及数量组成。

具体的关系如表 2-1 至表 2-4 所示。

试用关系代数完成以下查询：

（1）求城市在天津的供应商信息；

（2）求所有零件的零件代码和零件名称；

（3）求所有红色零件的零件代码和零件名称；

（4）求供应工程 J1 零件的供应商的代码 Sno；

（5）求供应工程 J1 零件 P1 的供应商的代码 Sno；

（6）求供应工程 J1 零件为“红”色的供应商的代码 Sno；

（7）求工程“三建”使用的零件代码 Jno；

（8）求工程“三建”使用的零件名称 Jname；

（9）求使用天津供应商生产的“红”色零件的工程号 Jno；

（10）求没有使用天津供应商生产的“红”色零件的工程号 Jno。

表 2-1　S 表

Sno	Sname	Status	City
S1	精益	20	天津
S2	盛锡	10	北京
S3	东方红	30	北京
S4	金叶	10	天津
S5	泰达	20	上海

表 2-2　P 表

Pno	Pname	Color	Weight
P1	螺母	红	20
P2	螺栓	绿	12
P3	螺丝刀	蓝	18
P4	螺丝刀	红	18
P5	凸轮	蓝	16
P6	齿轮	红	23

表 2-3　J 表

Jno	Jname	City
J1	三建	天津
J2	一汽	长春
J3	造船厂	北京
J4	机车厂	南京
J5	弹簧厂	上海

表 2-4　SPJ 表

Sno	Pno	Jno	Qty
S1	P1	J1	200
S1	P1	J3	100
S1	P1	J4	700
S1	P2	J2	100
S2	P3	J1	400
S2	P3	J1	200
S2	P3	J3	500
S2	P3	J4	400
S2	P5	J2	400
S2	P5	J1	100
S3	P1	J1	200
S3	P3	J3	200
S4	P5	J4	100
S4	P6	J1	300
S4	P6	J3	200
S5	P2	J1	100
S5	P3	J1	200
S5	P6	J3	200
S5	P6	J4	500

2.3　习题参考答案

一、选择题

1．D　2．D　3．C　4．C　5．B　6．D　7．C　8．B　9．C
10．C　11．A　12．A　13．D　14．A　15．C　16．C　17．B　18．C
19．B　20．D　21．D　22．D　23．A　24．B　25．A　26．B　27．B

二、填空题

1．关系
2．属性
3．关系
4．元组
5．身份证号
6．课程号
7．关系数据结构、关系操作、关系完整性约束
8．实体完整性、参照完整性、用户自定义完整性
9．主
10．D

11．关系代数

12．并、差、笛卡儿积、选择、投影

13．等值连接、自然连接

三、问答题

1．关系代数有五种基本操作：并、差、笛卡儿积、投影与选择。其他的操作都可以由这五种基本操作导出。

2．在数据库系统中关系的每一个属性是不可再分的，关系中不允许出现重复元组，关系是一个集合，其行列顺序无关。

3．笛卡儿积是一个基本的操作，相当于将两个关系 R、S 进行无条件的连接操作。而 θ 连接是一个组合操作，相当于将两个关系 R、S 进行条件的连接操作。即从 $R\times S$ 中选取满足 θ 条件的元组作为新关系的元组。当 θ 为“=”时，称为等值连接。而自然连接是一种特殊的等值连接，它要求两个关系中进行比较的分量具有相同的属性组，并且去掉重复属性列。

4．若 R 是关系运算 R 的外码，它与基本关系 S 的主码 K_S 相对应（基本关系 R 和 S 不一定是相同的关系），则对于 R 中每个元组在 F 上的值可以取空值，或者等于 S 中某个元组的主码值。换句话说，如果 F 不是一个主属性，则能取空值，否则不能取空值。

四、综合题

1．（1）① 不能插入。关系 P 中已经存在零件号为 201 的元组。

② 不能插入。关系 S 中不存在供应商号为 T11 的元组，违反参照完整性规则。

③ 不能插入。“颜色”不能取值为'绿'，违反用户自定义完整性规则。

（2）① 不能删除。删除后关系 P 中零件 312 违反参照完整性规则。

② 可以删除。删除后不影响关系 P 中的完整性规则。

（3）① 可以修改。修改后不影响关系 P 中的完整性规则。

② 不能修改。修改后关系 P 违反参照完整性规则。

2．（1）$\sigma_{\text{City='天津'}}(S)$

（2）$\Pi_{\text{Pno,Pname}}(P)$

（3）$\Pi_{\text{Pno,Pname}}(\sigma_{\text{Color='红'}}(P))$

（4）$\Pi_{\text{Sno}}(\sigma_{\text{Jno='}J1\text{'}}(SPJ))$

（5）$\Pi_{\text{Sno}}(\sigma_{\text{Jno='}J1\text{'}\wedge\text{Pno='}P1\text{'}}(SPJ))$

（6）$\Pi_{\text{Sno}}(\sigma_{\text{Jno='}J1\text{'}\wedge\text{Color='红'}}(SPJ \bowtie P))$

（7）$\Pi_{\text{Jno}}(\sigma_{\text{Jname='三建'}}(SPJ \bowtie J))$

（8）$\Pi_{\text{Jname}}(\sigma_{\text{Jname='三建'}}(SPJ \bowtie J \bowtie P))$

（9）$\Pi_{\text{Jno}}(\sigma_{\text{City='天津'}\wedge\text{Color='红'}}(S \bowtie SPJ \bowtie P))$

（10）$\Pi_{\text{Jno}}(SPJ)-\Pi_{\text{Jno}}(\sigma_{\text{City='天津'}\wedge\text{Color='红'}}(S \bowtie SPJ \bowtie P))$

2.4 主教材习题参考答案

一、选择题

1. D　2. A　3. B　4. C　5. C　6. D　7. A　8. B

二、填空题

1．集合
2．能唯一标识一个实体的属性或属性组
3．系编号、学号、系编号
4．关系、元组、属性
5．关系代数、关系、实体、实体之间的联系
6．投影

三、简答题

1．关系数据模型由关系数据结构、关系操作和关系完整性约束 3 部分组成。关系模型的数据结构是关系，无论是实体还是实体之间的联系均由关系表示。关系操作是集合操作方式，操作对象及操作结果都是集合，关系操作主要包括查询、插入、删除和更新。关系完整性约束是对关系操作的约束条件，以保证数据的准确性和一致性，包括实体完整性、参照完整性和用户自定义完整性。

2．域：一组具有相同数据类型的值的集合。

笛卡儿积：给定一组域 $D_1, D_2, \cdots, D_n$，这组域中可以是相同的域。$D_1, D_2, \cdots, D_n$ 的笛卡儿积为：

$$D_1 \times D_2 \times \cdots \times D_n = \{(d_1, d_2, \cdots, d_n) \mid d_i \in D_i, i = 1, 2, \cdots, n\}$$

属性：关系中的每一列（即实体的每个特征）。

元组：关系中的每一行。

候选码：能唯一标识每个元组的属性或属性组。

主码：被选定用来区分每个元组的候选码。

外码：设 F 是基本关系 R 的一个或一组属性，但不是关系 R 的码。但 F 与另一个关系 S 的码 K_S 相对应，则称 F 是关系 R 的外码。

四、综合题

（1）$\Pi_{\text{SNO}}(\sigma_{\text{CNO='2'}}(SC))$
（2）$\Pi_{\text{SNO}}(\sigma_{\text{CNAME='信息系统'}}(SC \bowtie \text{COURSE}))$
（3）$\Pi_{\text{SNO, SNAME, SAGE}}(\text{STUDENT})$

第3章　SQL Server 2000

通过本章的学习，掌握 SQL Server 2000 的安装方法，能够使用企业管理器建立 SQL Server 注册、创建数据库、数据表等，通过使用查询设计器初步感受 SQL 语言的构造方法，掌握查询分析器的主要用法，掌握 SQL Server 2000 数据库和数据表的基本维护和管理方法，包括导入/导出数据、备份/还原数据库及分离/附加数据库。

3.1　知识要点

SQL Server 2000 是 Microsoft 公司推出的 SQL Server 数据库管理系统的最常用版本之一。SQL Serer 2000 全面扩展了 SQL Server 7.0 的性能及可靠性和易用性，因而成为一个杰出的数据库平台，可用于大型联机事务处理、数据仓库及电子商务等。SQL Server 2000 对 XML 和 HTTP 提供充分的支持。目前最新版本是 SQL Server 2012。

1. SQL Server 2000 的特点

（1）客户-服务器体系结构
（2）支持 Transact-SQL 结构化查询语言
（3）独特的安全认证技术
（4）支持 XML 语言
（5）数据仓库处理能力
（6）支持用户自定义函数
（7）支持 OLE DB

2. SQL Server 2000 的安装

（1）SQL Server 2000 的运行环境要求
① 硬件需求
CPU：Pentium 166 MHz 以上
内存：64 MB 以上
硬盘：200 MB 以上
监视器：VGA 或更高分辨率，SQL Server 图形工具要求 800×600 或更高分辨率
② 软件需求
由于 SQL Server 2000 提供的版本不同，其安装的系统平台也不同。常用的操作系统与可安装的 SQL Server 2000 的版本关系如表 3-1 所示。
（2）SQL Server 2000 的安装过程（略）

3. SQL Server 2000 的启动

选择“开始”→“程序”→“Microsoft SQL Server”→“服务管理器”命令，单击“开始/继续”按钮，启动 SQL Server 服务管理器。单击“刷新服务”按钮，将重新连接服务器。

表 3-1　操作系统与可安装的 SQL Server 2000 的版本关系

	Windows 2000 Server、Windows 2003 Server	Windows 2000 Professional、Windows XP 专业版/家庭版	Windows 98、Windows Me	WinCE
Enterprise				
Developer				
120-day Evaluation				
Standard				
Personal				
CE				

4．系统数据库与数据库对象简介

（1）系统数据库

在 SQL Server 系统安装完毕后，系统生成四个系统数据库和两个样本数据库，分别是 master、model、msdb 和 tempdb 四个系统数据库及 pubs 和 northwind 两个样本数据库。

（2）系统数据表

① Sysobjects 表：出现在每个数据库中，每个数据库对象都在该表中有一条记录；

② Syscolumns 表：在 Master 和用户定义的 DB 中，对表或视图中的每个列都有一条记录；

③ Sysindexes 表：对每个索引有一条记录；

④ Sysusers 表：对每个用户都有一条记录；

⑤ Sysdatabases 表：只在 Master 中，对每个 DB 有一条记录；

⑥ Sysdepends 表：对每个依赖关系含有一条记录。

（3）数据库对象

SQL Server 2000 的数据库对象如表 3-2 所示。

表 3-2　数据库对象一览表

数据库对象	描　述
表	由行和列构成，是存储数据的地方
视图	视图是一个虚拟表，其内容由查询定义获得
存储过程	一组通过预编译在 SQL Server 端执行的存储代码
扩展存储过程	提供从 SQL Server 到外部程序的接口，以便进行各种维护活动的存储过程
用户	SQL Server 登录用户和对应数据库用户
角色	管理数据库对象和数据的一组权限集合
规则	限制表中列字段的取值范围
默认	自动填充的缺省值
用户定义的数据类型	基于系统数据类型的用户自定义的数据类型
用户定义的函数	由一个或多个 Transact-SQL 语句组成的子程序，可用于封装代码以便重新使用
全文目录	用于全文检索

5．SQL Server 2000 常用工具

（1）企业管理器

企业管理器是 SQL Server 2000 中最重要的管理工具，很多其他工具都可以通过企业管理器调用执

行。用户和管理员可以使用它来管理 SQL Server 主机、服务和其他应用。SQL Server 企业管理器以目录树的层叠列表形式来管理所有的 SQL Server 对象。

启动企业管理器的方法为：选择“开始”→“程序”→“Microsoft SQL Server”→“企业管理器”命令，即可打开“企业管理器”窗口。

（2）查询分析器

可以使用户交互式地输入和执行各种 Transact-SQL 语句，并且迅速地查看这些语句的执行结果，来完成对数据库中数据的分析和处理。这是一个非常实用的工具，对于掌握 SQL 语言和理解 SQL Server 的工作有很大帮助。

启动查询分析器的方法为：

① 选择“开始”→“程序”→“Microsoft SQL Server”→“查询分析器”命令，即可打开“查询分析器”窗口；

② 单击“SQL Server 企业管理器”中的“工具”菜单项，选择“SQL 查询分析器”来打开。

（3）导入/导出数据

导入/导出数据通过一个数据转换服务向导程序实现，简称 DTS。其作用是使 SQL Server 与任何 OLE DB、ODBC、JDBC 或文本文件等多种不同类型的数据库之间实现数据传递。

导入/导出数据是通过数据转换服务向导程序实现的，启动导入/导出向导的方法如下：

① 选择“开始”→“程序”→“Microsoft SQL Server”→“导入/导出数据”命令，即可打开“DTS 导入/导出向导”窗口；

② 在企业管理器中，选择“操作”→“所有任务”→“导出数据”，即可打开“DTS 导入/导出向导”窗口。

（4）数据库的附加和分离

① 数据库的附加

在企业管理器的目录树中，右键单击“数据库”，在快捷菜单中选择“所有任务”→“附加数据库”，即可打开“附加数据库”对话框，输入或通过浏览选择要附加的数据库的 MDF 文件，最后单击“确定”按钮，即可将指定的数据库附加到当前的数据库列表中。

② 数据库的分离

在企业管理器的目录树中，选择要分离的数据库，单击鼠标右键，在快捷菜单中选择“所有任务”→“分离数据库”，即可打开“分离数据库”对话框，单击“确定”按钮，即可将该数据库从当前的实例中分离出来。然后用户可以找到存储该数据库的目录，将扩展名为“.mdf”的数据文件和扩展名为“.ldf”的日志文件同时复制到目标服务器的从存储目录。

3.2 习　　题

一、选择题

1．下面（　　）不是微软公司为用户提供的 SQL Server 2000 版本。

A）企业版　　B）开发版　　C）应用版　　D）标准版

2．Microsoft SQL Server 2000 是一种基于客户机/服务器的关系型数据库管理系统，它使用（　　）语言在服务器和客户机之间传递请求。

A）TCP/IP　　B）T-SQL　　C）C　　D）ASP

3．SQL Server 2000 的系统数据库是（　　）。

A）master，tempdb，adventureworks，msdb，resource

B）master，tempdb，model，library，resource

C）master，northwind，model，msdb，resource

D）master，tempdb，model，msdb

4. 数据库管理系统的数据操纵语言（DML）所实现的操作一般包括（　　）。

A）建立、授权、修改　　B）建立、授权、删除

C）建立、插入、修改、排序　　D）查询、插入、修改、删除

5. “表设计器”的“允许空”单元格用于设置该列是否可输入空值，实际上就是创建该列的（　　）约束。

A）主键　　B）外键　　C）NULL　　D）CHECK

6. 在 SQL Server 服务器上，存储过程是一组预先定义并（　　）的 Transact-SQL 语句。

A）保存　　B）编译　　C）解释　　D）编写

7. 对访问 SQL Server 实例的登录，有两种验证模式：Windows 身份验证和（　　）身份验证。

A）Windows NT 模式　　B）混合身份验证模式

C）A、B 都不对　　D）A、B 都对

8. （　　）备份最耗费时间。

A）数据库完整备份　　B）数据库差异备份

C）事务日志备份　　D）文件和文件组备份量

9. 下列关于数据库备份的叙述错误的是（　　）。

A）如果数据库很稳定就不需要经常做备份，反之要经常做备份以防数据库损坏

B）数据库备份是一项很复杂的任务，应该由专业的管理人员来完成

C）数据库备份也受到数据库恢复模式的制约

D）数据库备份策略的选择应该综合考虑各方面的因素，并不是备份做得越多、越全就越好

10. 做文件及文件组备份后，最好做（　　）备份。

A）数据库完整备份　　B）数据库差异备份

C）事务日志备份　　D）文件和文件组备份

11. 做数据库差异备份之前，需要做（　　）备份。

A）数据库完整备份　　B）数据库差异备份

C）事务日志备份　　D）文件和文件组备份

12. SQL Server 2000 的核心管理工具是（　　）。

A）服务管理器　　B）企业管理器　　C）SQL 查询分析器　　D）osql 实用工具

13. 下列文件无法与 SQL Server 数据库进行导入和导出操作的是（　　）。

A）文本文件　　B）Excel 文件　　C）Word 文件　　D）Access 文件

14. 关于导入/导出数据，下面说法错误的是（　　）。

A）可以使用向导导入/导出数据　　B）可以将 SQL Server 数据导出到 Access

C）可以保存导入/导出任务，以后执行　　D）导出数据后，原有数据被删除

15. SQL Server 2000 中，系统管理员登录账户为（　　）。

A）root　　B）sa　　C）admin　　D）administrator

16. 下列四项中，不属于 SQL Server 2000 实用程序的是（　　）。

A）企业管理器　　B）查询分析器　　C）服务管理器　　D）媒体播放器

17. 在 Windows 98 操作系统下，只能安装 SQL Server 2000（　　）。

A）企业版　B）开发版　C）个人版　D）测试版

18．利用查询分析器，能（　　）。

A）直接执行 SQL 语句　B）提交 SQL 语句给服务器执行

C）作为企业管理器使用　D）作为服务管理器使用

19．事务日志文件的默认扩展名是（　　）。

A）MDF　B）NDF　C）LDF　D）DBF

20．SQL Server 的主数据库是（　　）。

A）master　B）tempdb　C）model　D）msdb

21．表在数据库中是一个非常重要的数据对象，它是用来（　　）各种数据内容的。

A）显示　B）查询　C）存放　D）检索

22．日期时间型数据类型（datetime）的长度是（　　）位。

A）2　B）4　C）8　D）16

23．SQL Server 系统中的所有系统级信息存储于（　　）数据库中。

A）master　B）tempdb　C）model　D）msdb

24．下列特点哪一项是视图所不具备的？（　　）

A）分割数据，屏蔽用户所不需要浏览的数据

B）提高应用程序和表之间的独立性，充当程序和表之间的中间层

C）降低对最终用户查询水平的要求

D）提高数据的网络传输速度

25．如果希望完全安装 SQL Server，则应选择（　　）。

A）典型安装　B）自定义安装　C）最小安装　D）仅连接

26．进行 SQL Server 数据库服务器打开、关闭等操作的工具是（　　）。

A）服务管理器　B）企业管理器　C）查询分析器　D）网络连接工具

27．SQL Server 2000 是一个（　　）数据库系统。

A）网状型　B）层次性　C）关系型　D）以上都不是

28．新安装 SQL Server 后，默认有六个内置的数据库，其中的两个范例数据库是 pubs 和（　　）。

A）master　B）northwind　C）msdb　D）tempdb

29．SQL Server 数据库文件有三类，其中主数据文件的后缀为（　　）。

A）MDF　B）NDF　C）LDF　D）DBF

30．在 SQL Server 2000 中，索引的顺序和数据表的物理顺序相同的索引是（　　）。

A）聚集索引　B）非聚集索引　C）主键索引　D）唯一索引

31．下列（　　）数据库不属于 SQL Server 2000 在安装时创建的系统数据库。

A）master　B）model　C）pubs　D）bookdb

32．对视图的描述错误的是（　　）。

A）是一张虚拟的表　B）在存储视图时存储的是视图的定义

C）在存储视图时存储的是视图中的数据　D）可以像查询表一样来查询视图

33．SQL Server 2000 企业版可以安装在操作系统（　　）上。

A）Microsoft Windows 98　B）Microsoft Windows 2000 Professional

C）Microsoft Windows 2000 Server　D）Microsoft Windows XP

34．SQL Server 2000 用于存储任务计划信息、事件处理信息、备份恢复信息以及异常报告的是（　　）。

A）master　B）model　C）pubs　D）msdb

二、填空题

1．SQL Server 2000 是一个基于________________的关系型数据库管理系统。

2．SQL Server 2000 的 C/S 体系结构可以采用灵活的部署方案，包括________________、________________和________________三层结构。

3．SQL Server 2000 提供以下两种身份验证模式：________________和________________。

4．在 SQL Server 2000 中，数据库对象包括________________、________________、触发器、过程、列、索引、约束、规则、默认和用户自定义的数据类型等。

5．SQL Server 2000 中索引类型包括的三种类型分别是________________、________________和________________。

6．SQL Server 2000 数据库以稳健的形式保存在磁盘上，使用________________、________________和________________3 种类型来存储数据。

7．在 SQL Server 2000 中，表分为________________和________________两种。

8．________________约束是用于建立和加强两个表数据之间连接的一列或多列。通过将表中的主键列添加到另一个表中，可创建两个表之间的连接。

9．SQL Server 2000 的查询设计器窗口可以分为________________、________________、________________和________________4 个部分。

10．在 SQL Server 2000 中，Unicode 标准的全称是________________。

11．SQL Server 2000 提供备份数据库的方式是________________和________________。

12．在 SQL Server 2000 中，索引的顺序和数据表的物理顺序不相同的索引是________________。

13．角色是一组用户所构成的组，可以分为服务器角色和________________角色。

14．DTS 是指________________。

15．在 SQL Server 2000 中，负责管理登录账号、数据库用户和权限、创建和管理数据库的工具是________________。

3.3　习题参考答案

一、选择题

1．C	2．B	3．D	4．D	5．C	6．B	7．B	8．A	9．A
10．C	11．A	12．B	13．C	14．D	15．B	16．D	17．C	18．B
19．C	20．A	21．C	22．D	23．A	24．D	25．B	26．A	27．C
28．B	29．A	30．A	31．D	32．C	33．C	34．D		

二、填空题

1．C/S

2．客户机、应用服务器、数据库服务器

3．Windows 身份验证模式、混合模式

4．表、视图

5．聚集索引、唯一索引、非聚集索引

6．主要数据文件、次要数据文件、事务日志

7. 永久表、临时表
8. 外键
9. 关系图窗格、网格窗格、SQL 窗格、结果窗格
10. 统一字符编码标准
11. 备份数据库、备份事务日志
12. 非聚集索引
13. 数据库
14. 数据转换服务
15. 企业管理器

3.4 主教材习题参考答案

1. ① 通过“SQL Server 服务管理器”启动。在“服务器”列表框选择要启动的实例，在“服务”列表框选择“SQL Server”，单击“开始/继续”按钮，启动 SQL Server 服务。

② 通过“SQL Server 企业管理器”启动。在要启动的服务器上单击鼠标右键，从弹出的快捷菜单中选择“启动”，或双击要启动的服务器，或单击要启动的服务器前的“+”，启动 SQL Server 服务。

2. ① Windows 身份验证模式。SQL Server 检测当前使用的 Windows 用户账户，并在 Syslogins 表中查找该账号，以确定是否有权限登录，用户不必提供密码或者登录名让 SQL Server 2000 验证。

② 混合模式（Windows 身份验证和 SQL Server 身份验证）。允许用户以 SQL Server 验证方式或 Windows 验证方式来进行连接。具体使用哪种方式，则取决于在最初的通信中使用的网络库，如果用户使用 TCP/IP Sockets 进行登录验证，则将使用 SQL Server 验证模式。如果使用命名管道，登录验证将使用 Windows 验证模式。因此这种登录模式可以更好地适应用户的各种环境。

3. 服务器注册即存储服务器的连接信息，以供连接时使用。本地服务器在安装时自动注册，远程服务器需手动注册。

服务器注册时要提供以下信息：

- 服务器的名称或 IP 地址
- 登录服务器使用的安全模式，即身份验证的类型
- 登录服务器的账号和密码
- 服务器所注册的组

4. 在同一台服务器上可以安装多个实例，SQL Server 2000 最多可支持 16 个实例。每个实例由非重复的一组服务组成，可以具有完全不同的排序规则或其他选项等，应用程序可以连接任何实例。

在第一次安装时，可使用默认的实例名，计算机的名称即为默认的实例名，也可不使用默认的实例名，而手动指定实例名。默认的实例名被使用后，必须手动指定实例名。实例名不能用 Default 或 MSSQL Server 及 SQL Server 的保留关键字等，最好将实例名限制在 10 个字符之内，以便使用和识别。

5. 常用方法包括数据导入与导出、数据库的附加与分离、数据库的备份与还原。

① 数据的导入与导出。SQL Server 2000 是通过一个数据转换服务向导程序（DTS）实现数据的导入/导出的，它能使 SQL Server 与任何 OLE DB、ODBC、JDBC 或文本文件等多种不同类型的数据库之间实现数据传递。导入数据是从 Microsoft SQL Server 的外部数据源中检索数据，并将数据插入到 SQL 数据库表的过程。导出数据是将 SQL Server 实例中的数据转换为某些用户指定格式的过程，如将 SQL Server 表的内容复制到 Microsoft Access 数据库中。具体步骤请参考主教材的相应部分。

② 数据库的附加与分离。SQL Server 2000 允许分离数据库的数据和事务日志文件，然后将其重新附加到另一台服务器，甚至同一台服务器上。分离数据库将从 SQL Server 删除数据库，但是保持数据库（包括数据和事务日志）完好无损。然后可以将分离的数据库附加到任何 SQL Server 实例上，包括分离该数据库的服务器。这使数据库的使用状态与它分离时的状态完全相同。具体步骤请参考主教材的相应部分。

③ 数据库的备份与还原。SQL Server 2000 的备份与还原组件可以创建数据库的副本，并将此副本存储在某个位置，以便服务器出现故障时，重新创建或还原数据库。备份数据库时，需要采取适当的备份策略，不仅要备份数据库，还要备份事务日志，以使数据库在出现故障时可以恢复到出现故障之前的状态。具体步骤请参考主教材的相应部分。

6. ① 在“企业管理器”中，右键单击当前数据库 a，在快捷菜单的“所有任务”菜单中，选择“导入数据”命令，打开“DTS 导入/导出向导”对话框，单击“下一步”按钮，进入“选择数据源”对话框。

② 在“服务器”下拉列表中选择目标数据库 b 所在的服务器，在“数据库”下拉列表中选择数据库 b 作为源数据库，进入“选择目的”对话框，此时数据库 b 已默认出现在“数据库”下拉列表中，

③ 选择“从源数据库复制表和视图”单选项，单击“下一步”按钮，进入“选择源表和视图”对话框。

④ 在“源”列表中选择一个或多个要复制的表和视图，单击“下一步”按钮，进入“保存、调度和复制包”对话框，保留默认选项“立即运行”，单击“下一步”按钮，在下个界面中单击“确定”按钮，企业管理器开始执行复制表的任务，如果操作成功，会弹出消息框，单击“确定”按钮，完成操作。

7. ① 打开企业管理器，在“SQL Server 组”上单击右键，从弹出的快捷菜单中选择“新建 SQL Server 注册”命令，或选中“SQL Server 组”后，选择“操作”→“新建 SQL Server 注册”，打开“欢迎使用注册向导”对话框。

② 直接单击“下一步”按钮，打开“选择一个 SQL Server”对话框。

③ 从左侧的“可用服务器”列表中选中要注册的服务器，或在文本框中输入要注册服务器的 IP 地址，然后单击“添加”按钮，添加到“添加的服务器”列表中，再单击“下一步”按钮，打开“选择身份验证模式”对话框。

④ 选择“我登录自己计算机时使用的 Windows 账户信息（Windows 身份验证）”，然后单击“下一步”按钮，打开“选择 SQL Server 组”对话框，转向执行步骤⑥；如果选择“系统管理员给我分配的 SQL Server 登录信息（SQL Server 身份验证）”，然后单击“下一步”按钮，则打开“选择连接选项”对话框。

⑤ 可以选择下面两种连接选择 SQL Server 的方式：“用 SQL Server 账户信息自动登录”和“在连接时提示输入 SQL Server 账户信息”，为安全起见，建议选择后者，输入管理员分配的登录名和密码，然后单击“下一步”按钮，打开“选择 SQL Server 组”对话框。

⑥ 在“组名”下拉列表中，列出了所有可供选择的服务器组，用户可以根据需要进行选择。单击“下一步”按钮，打开“完成注册”对话框。新注册的服务器名称出现在列表框中，单击“完成”按钮，注册向导开始连接到指定服务器，如果一切正常，将弹出“注册成功”对话框，单击“关闭”按钮，完成全部注册过程。

8. 需要对数据库表的结构进行修改时，选择该表并单击右键，在弹出的菜单中选择“设计表”菜单，就会再次弹出“表设计”对话框进行表结构的修改。

9. SQL Server 2000 的查询分析器的主要功能有：

① 查看现有的数据库及公用对象；

② 查看数据库中的表、视图和函数等；

③ 用户可以输入 SQL 脚本，可实现脚本的执行结果；

④ 由预定义脚本（SQL Script）快速创建常用的数据库对象；

⑤ 快速复制现有的数据库对象；

⑥ 可以调试并执行存储过程；

⑦ 调试查询性能问题，可以显示执行计划、显示服务器跟踪等；

⑧ 快速插入、更新或删除数据表中的数据记录。

10．SQL Server 2000 的数据完整性分为 3 类：实体完整性、引用完整性和域完整性；数据库约束是 SQL Server 2000 提供的一种强制实现数据完整性的机制，包括 6 种约束：非空约束、主键值约束、唯一性约束、检查约束、默认约束和外键约束。

数据库完整性和数据库约束的具体实现关系如下：

① 实体完整性用于保证表中每个数据行唯一，并防止用户往表中输入重复的数据行。主要通过主键约束和唯一性约束实现。

② 引用完整性是指，当一个表引用另一个表的数据时，要防止不正确的数据更新。主要通过外键约束来实现。

③ 域完整性用于限制用户往列中输入重复的数据，可以通过数据类型、非空约束、默认值约束、检查约束和外关键字约束来实现。

第4章　关系数据库语言SQL

通过本章的学习，熟练掌握和应用SQL查询语句，学会SQL数据更新语句和定义语句的使用；掌握视图的定义及应用；了解索引的含义及使用。

4.1　知 识 要 点

SQL是Structured Query Language（结构化查询语言）的缩写，是一种介于关系代数与关系演算之间的结构化查询语言，也是一种面向关系数据库的国际标准语言，在当前数据库领域中应用最为广泛和成功。现在很多大型数据库都实现了SQL语言。

SQL语言集数据查询（Data Query）、数据操纵（Data Manipulation）、数据定义（Data Definition）和数据控制（Data Control）功能于一体。

1．SQL的特点

（1）非过程化

SQL语言是非过程化语言，在SQL语言中，只要求用户提出“做什么”，而无须指出“怎样做”。SQL语句操作的过程由系统自动完成。

（2）一体化

SQL可以操作于不同层次模式，集数据定义语言（DDL）、数据操纵语言（DML）、数据控制语言（DCL）于一体，语言风格统一。用SQL语言可实现DB生命周期的全部活动，其中包括建立数据库、建立用户账号、定义关系模式、查询及数据维护、数据库安全控制等。

（3）面向集合的操作方式

SQL语言采用集合操作方式，不仅操作对象、查询结果可以是元组的集合，而且一次插入、删除、更新操作的对象也可以是元组的集合。

（4）两种使用方式，统一的语法结构

SQL语言既是自含式语言又是嵌入式语言。

① 自含式方式就是联机交互使用方式；

② 嵌入式方式是指SQL语句嵌入某种高级程序设计语言的程序中，以实现数据库操作。尽管这两种使用方式不同，但SQL语言的语法结构基本是一致的。

2．SQL语言的书写准则

遵从某种准则可以提高语句的可读性，通常遵循的准则主要有：

（1）SQL语句对大小写不敏感，但关键字常用大写；

（2）SQL语句可写在一行上，但为便于理解，增强条理性，常习惯于每个子句占用一行；

（3）关键字不能分两行写，很少采用缩写形式；

（4）SQL中的数据项需同时列出时，分隔符用“,”；字符或字符串常量的定界符用单引号“'”表示。

SQL语言的数据操作方式一览表如表4-1所示。

表 4-1 SQL 数据操作方式一览表

操作对象	操作方式		
	创建	删除	修改
表	CREATE TABLE	DROP TABLE	ALTER TABLE
视图	CREATE VIEW	DROP VIEW	
索引	CREATE INDEX	DROP INDEX	

3. 查询语句

数据库查询是数据库的核心操作。一般格式：

SELECT [ALL|DISTINCT] <目标列表达式>[,<目标列表达式>]…

FROM <表名或视图名>[,<表明或视图名>]…

[WHERE] <条件表达式>

[GROUP BY <列名 1>[HAVING <条件表达式>]]

[ORDER BY<列名 2>[ASC|DESC]]

SELECT 子句：指定要出现在结果集中的列。

FROM 子句：指定要查询的目标基本表或视图，如果涉及多个基本表或视图，就是连接查询。连接查询需要在 WHERE 子句中指定连接条件。

WHERE 子句：指定查询条件。

GROUP BY 子句：将结果按<列名 1>进行分组，如果带有 HAVING 短语，则只有满足指定条件的组才予以输出。

ORDER BY 子句：结果表按<列名 2>升序（ASC，默认）或降序（DESC）排列。

4. 数据更新

（1）插入数据

① 插入单个元组

一般格式：

INSERT

INTO <表名> [(<属性列 1>[,<属性列 2>] …)]

VALUES (<常量 1>[,<常量 2>] …)

② 插入子查询结果

一般格式：

INSERT

[INTO] <表名> [(<属性列 1>[,<属性列 2>] …)]

（2）修改数据

一般格式：

UPDATE <表名>

SET <列名>=<表达式>[,<列名>=<表达式>, …]

[WHERE <条件>]

（3）删除数据

一般格式：

DELETE

FROM <表名>

[WHERE <条件>]

5．数据定义

一般格式：

```
CREATE TABLE <表名>
    (<列名><数据类型>[<列级完整性约束条件>]
     [,<列名><数据类型>[<列级完整性约束条件>]]…
     [,<表级完整性约束条件>]
    )
```

<表名>：所要定义的基本表的名字。

<列名>：组成该表的各个属性（列）。

<列级完整性约束条件>：涉及相应属性列的完整性约束条件。

<表级完整性约束条件>：涉及一个或多个属性列的完整性约束条件。

6．视图

视图是从一个或多个基本表（或视图）导出的表，是个虚表。

（1）定义视图

一般格式：

```
CREATE VIEW <视图名>[(<列名>[,<列名>]…)]
AS <子查询>
[WITH CHECK OPTION]
```

视图定义后，用户就可以像对基本表一样对视图进行查询。

（2）更新视图

更新视图是指通过视图来插入（INSERT）、删除（DELETE）、修改（UPDATE）数据。由于视图是不实际存储数据的虚表，因此，对视图的更新最终要转换为对基本表的更新。

（3）删除视图

```
DROP VIEW <视图名>
```

（4）视图的作用

① 实现集中多表查询条件；

② 提供了一个简单有效的安全机制，便于数据安全保护；

③ 便于用户重新组织数据；

④ 便于数据的交换操作。

7．索引

索引是数据库中的一个列表，该列表包含了某个数据表中的一列或几列值的集合，以及这些值的记录在数据表中存储位置的物理地址。

建立索引是加快查询速度的有效手段。

（1）建立索引

一般格式：

```
CREATE [UNIQUE] [CLUSTERED] INDEX <索引名>
ON <表名>(<列名>[<次序>][,<列名>[<次序>] ]…)
```

（2）删除索引

一般格式：

```
DROP INDEX <表.索引名>|<视图.索引名>
```

4.2 习　　题

一、选择题

1．SQL 语言具有（　　）的功能。

A）关系规范化、数据操纵、数据控制　　B）数据定义、数据操纵、数据控制

C）数据定义、关系规范化、数据控制　　D）数据定义、关系规范化、数据操纵

2．在 T-SQL 中，关于 NULL 值叙述正确的选项是（　　）。

A）NULL 表示空格

B）NULL 表示 0

C）NULL 既可以表示 0，也可以表示空格

D）NULL 表示空值

3．在 SQL 语言中，删除表对象的命令是（　　）。

A）DELETE　　B）DROP　　C）CLEAR　　D）REMORVE

4．若用如下的 SQL 语句创建一个 STUDENT 表：CREATE TABLE STUDENT(NO CHAR(4) NOT NULL, NAME CHAR(8) NOT NULL, SEX CHAR(2), AGE INT)，则可以插入到 STUDENT 表中的是（　　）。

A）（'1031'，'曾华'，男，23）　　B）（'1031'，'曾华'，NULL，NULL）

C）（NULL，'曾华'，'男'，'23'）　　D）（'1031'，NULL，'男'，23）

5．在 SQL 语言中，删除表中数据的命令是（　　）。

A）DELETE　　B）DROP　　C）CLEAR　　D）REMORVE

6．使用 T-SQL 语言创建表时，语句是（　　）。

A）DELETE TABLE　　B）CREATE TABLE

C）ADD TABLE　　D）DROP TABLE

7．关于查询语句中 ORDER BY 子句的使用，正确的是（　　）。

A）如果未指定排序列，则默认按递增排序

B）数据表的列都可用于排序

C）如果在 SELECT 句中使用了 DISTINCT 关键字，则排序列必须出现在查询结果中

D）联合查询不允许使用 ORDER BY 子句

8．SQL 语言中，条件“年龄 BETWEEN 20 AND 30”表示年龄在 20 至 30 之间，且（　　）。

A）包括 20 岁和 30 岁　　B）不包括 20 岁和 30 岁

C）包括 20 岁但不包括 30 岁　　D）包括 30 岁但不包括 20 岁

9．若用如下的 SQL 语句创建课程表 C：CREATE TABLE C(C# CHAR(10) PRIMARY KEY, CN CHAR(20) NOT NULL, CC INT NULL)，则可以插入到 C 表中的记录是（　　）。

A）（'005', 'VC++', 6）　　B）（'005', NULL, 6）

C）（NULL, 'VC++', 6）　　D）（005, 'VC++', NULL）

10．语句“SELECT COUNT(*) FROM human”返回（　　）行。

A）1　　B）2　　C）3　　D）4

11．在 SQL 语言中，子查询是（　　）。

A）返回单表中数据子集的查询语句　　B）选取多表中字段子集的查询语句

C）选取单表中字段子集的查询语句　　D）嵌入到另一个查询语句之中的查询语句

12．假设数据表 test1 中有 10 条数据行，可获得最前面两条数据行的命令为（　　）。

A）SELECT 2 * FROM test1　　B）SELECT TOP 2 * FROM test1

C）SELECT PERCENT 2 * FROM test1　　D）SELECT PERCENT 20 * FROM test1

13．在 SELECT 语句中，使用*号表示（　　）。

A）选择任何列　　B）选择全部列　　C）选择全部元组　　D）选择主码 x

14．在 SQL 语言中，删除一个视图的命令是（　　）。

A）DELETE　　B）DROP　　C）CLEAR　　D）REMORVE

15．SQL 的视图是从（　　）中导出来的。

A）基本表　　B）视图　　C）基本表和视图　　D）数据库

16．关于视图下列哪一个说法是错误的？（　　）

A）视图是一种虚拟表　　B）视图中也存有数据

C）视图也可由视图派生出来　　D）视图是保存在数据库中的 SELECT 查询

17．下列聚合函数使用正确的是（　　）。

A）SUM(*)　　B）MAX(*)　　C）COUNT(*)　　D）AVG(*)

18．用于求系统日期的函数是（　　）。

A）YEAR()　　B）GETDATE()　　C）COUNT()　　D）SUM()

19．下面哪些字符可以用于 T-SQL 的单行注释？（　　）

A）--　　B）/* */　　C）**　　D）&&

20．对于多行注释，必须使用（　　）进行注释。

A）--　　B）/* */　　C）// //　　D）**

21．SQL 语言的数据操纵语句包括 SELECT、INSERT、UPDATE 和 DELETE 等。其中，最重要也最频繁使用的语句是（　　）。

A）SELECT　　B）INSERT　　C）UPDATE　　D）DELETE

22．假定学生关系是 S（S#，SNAME，SEX，AGE），课程关系是 C（C#，CNAME，TEACHER），学生选课关系是 SC（S#，C#，GRADE）。要查找选修“COMPUTER”课程的女学生姓名，将涉及关系（　　）。

A）S　　B）S，SC　　C）C，SC　　D）S，C，SC

23．下列四项中，不正确的提法是（　　）。

A）SQL 语言是关系数据库的国际标准语言

B）SQL 语言具有数据定义、查询、操纵和控制功能

C）SQL 语言可以自动实现关系数据库的规范化

D）SQL 语言称为结构化查询语言

24．SQL 语言允许使用通配符进行字符串匹配，其中“%”可以表示（　　）。

A）0 个字符　　B）1 个字符　　C）多个字符　　D）以上都可以

25．在查询语句中，若查询表记录中所有 au_id 满足前两个字母为“88”的记录，则下列正确的 WHERE 子句是（　　）。

A）WHERE au_id='88%'　　B）WHERE au_id=LIKE '88%'

C）WHERE au_id LIKE '88%'　　D）WHERE au_id LIKE '88?'

26．下列哪类数据库不适合创建索引？（　　）

A）经常被查询搜索的列，如经常在 WHERE 子句中出现的列

B）是外键或主键的列

C）包含太多重复选用值的列

D）在 ORDER BY 子句中使用的列

27．下列 SQL 语句中，（　　）不是数据定义语句。

A）CREATE TABLE　　B）DROP VIEW

C）CREATE VIEW　　D）GRANT

28．对于 UPDATE 语句的实现，说法正确的是（　　）。

A）对于 UPDATE 可以指定要修改的列和想赋予的新值

B）对于 UPDATE 不能加 WHERE 条件

C）对于 UPDATE 只能修改不能赋值

D）对于 UPDATE 一次只能修改一列的值

29．数据查询语句 SELECT 的语法中，必不可少的子句是（　　）。

A）SELECT 和 WHERE　　B）SELECT 和 FROM

C）SELECT　　D）FROM

30．SQL 数据定义语言中，表示外码约束的关键字是（　　）。

A）UNIQUE　　B）FOREIGN KEY　　C）PRIMARY KEY　　D）CHECK

31．下列哪个统计函数可以计算平均值？（　　）

A）sum　　B）avg　　C）count　　D）min

32．下列哪个统计函数可以计算某一列上的最大值？（　　）

A）sum　　B）avg　　C）max　　D）min

33．下列哪种情况适合建立索引？（　　）

A）在查询中很少被引用的列　　B）在 ORDER BY 子句中使用的列

C）包含太多重复选用值的列　　D）数据类型为 bit、text、image 等的列

34．假定有 3 种关系，学生关系 S、课程关系 C、学生选课关系 SC，它们的结构如下：S（S#（学号），SN（姓名），SEX（性别），AGE（年龄），DEPT（系别））；C（C#（课程号），CN（课程名））；SC（S#（学号），C#（课程号），GRADE（成绩））。检索所有比“李军”年龄大的学生的姓名、年龄和性别，正确的 SQL 语句是（　　）。

A）SELECT SN, AGE, SEX FROM S WHERE AGE > (SELECT AGE FROM S WHERE SN= '李军')

B）SELECT SN, AGE, SEX FROM S WHERE AGE > (SN = '李军')

C）SELECT SN, AGE, SEX FROM S WHERE AGE > (SELECT AGE WHERE SN = '李军')

D）SELECT SN, AGE, SEX FROM S WHERE AGE > 李军.AGE)

35．SELECT 语句中与 HAVING 子句通常同时使用的是（　　）子句。

A）ORDER BY　　B）WHERE　　C）GROUP BY　　D）HAVING

36．要删除 mytable 表中的 myindex 索引，可以使用（　　）语句。

A）DROP yindex　　B）DROP mytable.myindex

C）DROP INDEX myindex　　D）DROP INDEX mytable.myindex

37．SELECT 查询中，要把结果中的行按照某一列的值进行排序，所用到的子句是（　　）。

A）ORDER BY　　B）WHERE　　C）GROUP BY　　D）HAVING

38．下面对 UNION 的描述，正确的是（　　）。

A）任何查询语句都可以用 UNION 来连接

B）UNION 只连接结果集完全一样的查询语句

C）UNION 是筛选关键词，对结果集再进行操作

D）UNION 可以连接结果集中数据类型个数相同的多个结果集

39．在视图上不能完成的操作是（　　）。

A）更新视图　　B）查询

C）在视图上定义新的基本表　　D）在视图上定义新视图

40．SQL 语言有两种使用方式，分别称为交互式和（　　）SQL。

A）提示式　　B）多用户　　C）嵌入式　　D）解析式

41．SQL 语言是（　　）的语言，易学习。

A）过程化　　B）非过程化　　C）格式化　　D）导航式

42．SQL 中谓词 EXIST 可用来测试一个集合是否（　　）。

A）有重复元组　　B）有重复列值　　C）为非空集合　　D）有空值

43．条件子句 WHERE 工资>ALL(SELECT 工资 FROM 职工 WHERE 部门号=1)的含义为（　　）。

A）比 1 号部门中某个职工的工资高　　B）比 1 号部门中所有职工的工资都高

C）比 1 号部门中所有职工的工资总和高　　D）无法比较，返回错误信息

44．下列关于数据库系统中空值的描述，错误的是（　　）。

A）包含空值的算术表达式的运算结果为 NULL

B）COUNT(*)将统计包含空值的行

C）空值就是 0 或者空字符串

D）可通过 IS NULL 运算符测试是否为空值

45．现要查找缺少成绩（Grade）的学生学号（Snum），相应的 SQL 语句是（　　）。

A）SELECT Snum FROM SC WHERE Grade=0

B）SELECT Snum FROM SC WHERE Grade<=0

C）SELECT Snum FROM SC WHERE Grade=NULL

D）SELECT Snum FROM SC WHERE Grade IS NULL

46．有关系：教学（学号，教工号，课程号），假定每个学生可以选修多门课程，每门课程可以由多名学生来选修，每个老师只能讲授一门课程，每门课程可以由多个老师来讲授，那么该关系的主键是（　　）。

A）课程号　　B）教工号　　C）（教工号，课程号）　D）（教工号，学号）

47．在关系数据库系统中，为了简化用户的查询操作，而又不增加数据的存储空间，常用的方法是创建（　　）。

A）另一个表　　B）游标　　C）视图　　D）索引

48．SQL 语言具有数据操作功能，SQL 语言的一次查询结果是一个（　　）。

A）数据项　　B）记录　　C）元组　　D）表

49．有学生关系：学生（学号，姓名，年龄），对学生关系的查询语句如下：

```
SELECT 学号
FROM 学生
WHERE 年龄 >20 AND 姓名 LIKE '李伟%'
```

如果要提高该语句的查询效率，应该建索引的属性是（　　）。

A）学号　　B）姓名　　C）年龄　　D）（学号，姓名）

50．如果要求职工关系 Emp(ENO, NAME, SEX, AGE)中存储的职工信息满足下列条件：男职工（SEX='M'）的年龄在 18～60 岁，女职工（SEX＝'F'）的年龄在 18～55 岁。那么在关系 Emp 的定义中加入的检查子句正确的是（　　）。

A）CHECK(AGE>=18 AND ((SEX='M' AND AGE<=60) AND (SEX='F'AND AGE<=55)))

B）CHECK(AGE>=18 AND ((SEX='M' AND AGE<=60)OR (SEX='F'AND AGE<=55)))

C）CHECK(AGE>=18 OR ((SEX='M' AND AGE<=60) OR (SEX='F'AND AGE<=55)))

D）CHECK(AGE>=18 OR ((SEX='M' AND AGE<=60) AND (SEX='F'AND AGE<=55)))

51．设有关系 WORK(ENO, CNO, PAY)，主码为(ENO, CNO)。按照实体完整性规则（　　）。

A）只有 ENO 不能取空值　　B）只有 CNO 不能取空值

C）只有 PAY 不能取空值　　D）ENO 与 CNO 都不能取空值

52．设有关系表 S(NO, NAME, AGE)，其中 AGE 为年龄字段，则下面的表达式等价于（　　）。

AGE NOT BETWEEN 18 AND 24

A）AGE<=18 OR AGE>=24　　B）AGE<=18 OR AGE>24

C）AGE<18 OR AGE>=24　　D）AGE<18 OR AGE>24

53．下列叙述正确的是（　　）。

A）在 ORDER BY 子句后只能有一个属性

B）ORDER BY 子句所产生的输出只是逻辑排序效果，并没有影响表的实际内容

C）进行有序输出时，如果列中有空值则在升序输出时首先列出空值项，而在降序时最后列出空值项

D）ORDER BY 子句中必须指明是升序或降序，不能缺省

54．以下叙述中正确的是（　　）。

A）为了实现连接运算，SELECT 命令中必须指出属性的来源

B）如果缺省 WHERE 子句，则会产生错误信息

C）在 SQL 语言中绝大多数连接操作都是自然连接

D）连接操作中不可以用别名指定数据的来源

二、填空题

1．SQL 语言具有________________、________________和数据控制的功能。

2．在 SQL 语言中，删除表中数据的命令是________________。

3．在 SQL 语言中，删除一个视图的命令是________________。

4．在 SQL 的 SELECT 语句查询中，如果希望将查询结果排序，应在 SELECT 语句中使用________________子句。

5．________________是存储在计算机内的有结构的数据集合。

6．数据库语言包括________________和________________两大部分，前者负责描述和定义数据库的各种特性，后者用于说明对数据进行的各种操作。

7．设有 3 个关系模式：

职工（职工号，姓名，年龄，性别）

公司（公司号，名称，地址）

工作（职工号，公司号，工资）

在定义表结构时，用 SQL 子句实现下列完整性约束：

（1）职工表中职工号非空且唯一________________。

（2）工作表中职工号的值必须是职工表中的有效职工号________________。

（3）职工的工资不能低于 800 元________________。

（4）男职工的年龄为 18～55 岁________________。

8．在数据库系统运行过程中记录更新操作的文件称为________________。

9．SQL 语言的条件表达式中字符串匹配操作符是________________。

10．客户关系中的年龄取值在 15～60 岁（包含 15 岁和 60 岁），增加该约束的 SQL 语句如下，请将空缺部分补充完整。

ALTER TABLE 客户 ADD CONSTRAINT con_age CHECK (________________)

三、综合题

1．有一名为“图书信息表”的表，表结构见表 4-2，表中数据见表 4-3。依据此表内容使用 SQL 语言完成以下题目要求。

（1）依据表 4-2 的内容，创建“图书信息表”；

（2）向表中插入一行数据，列值分别为：

（'1006', '数据库原理', '王珊', '高等教育出版社', 25, 20, null）

（3）查看表中所有的数据行；

（4）显示表中单价的最大值；

（5）查看表中单价大于 30 且库存量小于 10 的数据行；

（6）查看表中的书号、书名及总金额列（由单价*库存量计算得出）；

（7）修改表中书名为“多媒体技术”的库存量，使其库存量为 38；

（8）根据表创建视图 AA，使该视图包含书号、书名及单价；

（9）删除表中作者姓张的数据行；

（10）删除该图书表。

表 4-2 “图书信息表”结构

列名	数据类型	约束条件
书号	varchar(10)	主键（primary key）
书名	varchar(20)	非空（not null）
作者	varchar(20)	非空（not null）
单价	int	允许空（null）
库存量	int	默认值（default ‘10’）

表 4-3 “图书信息表”数据

书号	书名	作者	出版社	单价	库存量
1001	SQL Server	余晨	清华大学出版社	36	6
1002	VFP	张利	高等教育出版社	33	50
1003	多媒体技术	余庆丰	电子工业出版社	26	30
1004	C 语言	谭浩强	高等教育出版社	18	90
1005	数据结构	张庆	高等教育出版社	22	3
…	…	…	…	…	…

2．请根据表 4-4 的内容完成题目要求。

表 4-4　商品表

编号	商品名	单价	数量	状态
001	电视机	1200	5	0
002	洗衣机	1650	13	0
003	空调	5600	8	1
004	自行车	180	43	1
005	电视机	2580	18	1
006	洗衣机	3600	23	0

（1）查询表中所有的数据行；

（2）查询表中前两行数据；

（3）显示表中商品名和单价，并去掉重复行的数据；

（4）查看表中数量低于 10 的商品信息；
（5）查看表中价格最高的商品名；
（6）查看表中单价为 1000～3000 的商品信息；
（7）显示表中商品名和单价两列数据，且按单价降序排列；
（8）显示表中商品名以电开头的数据行；
（9）向表中添加一行数据，其值为('007', '电冰箱', 4560, 56)；
（10）更改表中的数据，将自行车的单价改为 280；
（11）删除表中商品名为电冰箱的数据行；
（12）依据此表创建视图 aa，使该视图包含编号、商品名及单价*0.8 三列；
（13）删除该表。

3．请依据表 4-5、表 4-6 和表 4-7 的内容完成题目要求。

表 4-5　学生表

列名	数据类型与长度	是否允许为空	备注
学号	varchar(8)	not null	主键
姓名	varchar(6)	not null	
性别	char(2)	null	默认为'男'
年龄	int	null	在 15 到 25 之间
系别	varchar(30)	null	

表 4-6　成绩表

列名	数据类型与长度	是否允许为空	备注
学号	varchar(8)	not null	学生表（外键）
课程号	varchar(3)	not null	课程表（外键）
成绩	real	null	

表 4-7　课程表

列名	数据类型与长度	是否允许为空	备注
课程号	char(3)	not null	主键
课程名	char(20)	not null	
学分	int	null	

（1）建立数据库 student；
（2）按照图表中给出的表定义，请在 student 数据库中创建学生表；
（3）查询学生表中女同学的基本信息；
（4）查询成绩表中选修了课程号为“002”的所有学生的学号及成绩，并按成绩降序排列；
（5）查询成绩表中课程号为“003”课程的成绩最高分；
（6）查询所有学生的学号、姓名、所选课程的课程名称及相应成绩；
（7）查询学生表中各系的学生人数，结果显示系别和人数两列；
（8）向成绩表中插入一行数据，列值分别为('20090101', '003', 89)；
（9）修改课程表中“数据结构”课程的学分，将其学分改为 6；
（10）删除学生表中姓张的学生记录；
（11）根据学生表创建视图 View1，视图包含计算机系所有学生的基本信息；
（12）查询视图 View1 所包含的数据，包括学生的学号、课程号及成绩；
（13）删除成绩表。

4．设有三个关系模式如下：

学生 S(S#, SNAME, AGE, SEX)，各属性的含义为：学号，姓名，年龄，性别；

选课成绩 SC(S#, C#, GRADE)，各属性的含义为：学号，课程号，成绩（说明：学生选修了某门课程，则该关系中就会增加相应的一条选课记录）；

课程 C(C#, CNAME, TEACHER)，各属性的含义为：课程号，课程名，教师名。

基于以上关系模式使用 SQL 语言完成以下题目要求：

（1）统计每门课程的课程号和选课的学生人数；

（2）查询教师'zhang'所授课程的课程号和课程名；

（3）所有没有选修教师'zhang'课程的学生姓名。

5．设有 4 个关系模式：

供应商关系：S(SNO, SNAME, CITY)，属性依次是供应商号、供应商名称和所在城市；

零件关系：P(PNO, PNAME, COLOR, WEIGHT)，属性依次是零件号、零件名、颜色和零件重量；

工程关系：J(JNO, JNAME, CITY)，属性依次是工程号、工程名和所在城市；

供应关系：SPJ(SNO, PNO, JNO, QTY)，属性依次是供应商号、零件号、工程号和数量。

用 SQL 语句实现以下题目要求：

（1）查询 P1 号零件的颜色；

（2）查询 S1 号供应商为 J1 号工程提供零件的编号和供应数量，查询结果按零件号降序排列；

（3）查询由 S1 号供应商提供红色零件的工程号；

（4）查询与其提供零件的供应商所在城市为同一城市的工程号；

（5）统计所在地为杭州的工程数量；

（6）统计每个供应商提供的零件总数；

（7）查询比 J1 号工程使用的零件数量多的工程号；

（8）查询重量最轻的零件代号；

（9）查询为工程 J1 或 J2 提供零件的供应商代号；

（10）查询上海供应商不提供任何零件的工程的代号；

（11）删除由 S1 号供应商提供零件的工程信息。

6．以下面的数据库为例，用 SQL 语句实现以下题目要求。关系模式如下：

仓库关系：WAREHOUSE(WHNO, CITY, SIZE)，属性依次是：仓库号，城市，面积；

职工关系：EMPLOYEE(WHNO, ENO, SALARY)，属性依次是：仓库号，职工号，工资；

订购单关系：ORDER(SNO, SNO, ONO, DATE)，属性依次是：职工号，供应商号，订购单号，订购日期；

供应商关系：SUPPLIER(SNO, SNAME, ADDR)，属性依次是：供应商号，供应商名，地址。

（1）查询在北京的供应商的名称；

（2）查询发给供应商 S6 的订购单号；

（3）查询职工 E6 发给供应商 S6 的订购单号；

（4）查询向供应商 S3 发过订购单的职工的职工号和仓库号；

（5）查询前与 S3 供应商没有联系的职工信息；

（6）查询目前没有任何订购单的供应商信息；

（7）查询和职工 E1、E3 都有联系的北京的供应商信息；

（8）查询目前和华通电子公司有业务联系的每个职工的工资；

（9）查询与工资在 1220 元以下的职工没有联系的供应商的名称；

（10）查询向 S4 供应商发出订购单的仓库所在的城市；

（11）查询在上海工作且向 S6 供应商发出了订购单的职工号；

（12）查询在广州工作且只向 S6 供应商发出了订购单的职工号；

（13）查询由工资多于 1230 元的职工向北京的供应商发出的订购单号；

（14）查询仓库的个数；

（15）查询有最大面积的仓库信息；

（16）查询出所有仓库的平均面积；

（17）查询向 S4 供应商发出订购单的那些仓库的平均面积；

（18）查询每个城市的供应商个数；

（19）查询每个仓库中工资多于 1220 元的职工个数；

（20）查询和面积最小的仓库有联系的供应商的个数；

（21）查询工资低于本仓库平均工资的职工信息；

（22）插入一个新的供应商元组（'S9', '智通公司', '沈阳'）；

（23）删除目前没有任何订购单的供应商；

（24）删除由在上海仓库工作的职工发出的所有订购单；

（25）北京的所有仓库增加 100 平方米的面积；

（26）给低于所有职工平均工资的职工提高 5%的工资。

4.3 习题参考答案

一、选择题

1．B　2．D　3．B　4．B　5．A　6．B　7．C　8．A　9．A

10．A　11．D　12．B　13．B　14．B　15．C　16．B　17．C　18．B

19．A　20．B　21．A　22．D　23．C　24．D　25．C　26．C　27．D

28．A　29．B　30．B　31．B　32．C　33．B　34．A　35．C　36．D

37．A　38．D　39．C　40．C　41．B　42．C　43．B　44．C　45．D

46．D　47．C　48．D　49．C　50．B　51．D　52．D　53．B　54．C

二、填空题

1．数据定义、数据操纵

2．DELETE

3．DROP

4．ORDER BY

5．数据库

6．数据描述语言、数据操纵语言

7．PRIMARY KEY(职工号)

FOREIGN KEY(职工号) REFERENCES 职工(职工号)

CHECK(工资>=800)

CHECK(性别='男' AND 年龄>=18 AND 年龄<=55)

8．日志文件

9．LIKE

10．between 15 and 60

三、综合题

1.

```
（1）create table 图书信息表
    (书号 varchar(10) primary key,
     书名 varchar(20) not null,
     作者 varchar(20) not null,
     单价 int null,
     库存量 int default '10'
    )
（2）insert into 图书
    values('1006', '数据库原理', '王珊', '高等教育出版社', 25, 20)
（3）select * from 图书
（4）select max(单价) as '最高价' from 图书
（5）select * from 图书 where 单价>30 and 库存量<10
（6）select 书号, 书名, 单价*库存量 as '总金额' from 图书
（7）update 图书 set 库存量=38 where 书名= '多媒体技术'
（8）create view AA as select 书号, 书名, 单价 from 图书信息表
（9）delete from 图书 where 姓名 like '张%'
（10）drop table 图书
```

2.

```
（1）select * from 商品表
（2）select top 2 * from 商品表
（3）select distinct 商品名, 单价 from 商品表
（4）select * from 商品表 where 数量<10
（5）select top 1 商品名 from 商品表 oder by 单价 desc
（6）select * from 商品表 where 单价 between 1000 and 3000
（7）select 商品名, 单价 from 商品表 oder by 单价 desc
（8）select * from 商品表 where 商品名 like '电%'
（9）insert into 商品表 values('007', '电冰箱', 4560, 56）
（10）update 商品表 set 单价=280 where 商品名='自行车'
（11）delete from 商品表 where 商品名='电冰箱'
（12）create view aa
     as select 编号, 商品名, 单价*0.8 from 商品表
（13）drop table 商品表
```

3.

```
（1）create database student
（2）create table 学生表
    (学号 char(8) primary key,
     姓名 char(6) not null,
     性别 char(2) default '男',
```

年龄 int check(年龄 between 15 and 25),

系别 char(30) null

)

（3）select * from 学生表 where 性别='女'

（4）select 学号, 成绩 from 成绩表 where 课程号='002' order by 成绩 desc

（5）select max(成绩) as '最高分' from 成绩表 where 课程号='003'

（6）select 学生表.学号, 姓名, 课程名, 成绩 from 学生表, 成绩表, 课程表
where 学生表.学号=成绩表.学号 and 成绩表.课程号=课程表.课程号

（7）select 系别, count(*)as '人数' from 学生表 group by 系别

（8）insert into 成绩表 values('20090101', '003', 89)

（9）update 成绩表 set 学分=6 where 课程名='数据结构'

（10）delete from 学生表 where 姓名 like '张%'

（11）create view view1 as
select 学号, 姓名 from 学生表 where 系别='计算机系'

（12）select * from view1

（13）drop table 成绩表

4.

（1）select C#, count(S#) from SC group by C#

（2）select C#, CNAME from C where TEACHER='zhang'

（3）select SNAME from S, SC, C where S.S#=SC.S# and SC.C#=C.C# and C.TEACHER<>'zhang'

5.

（1）select COLOR from P where PNO='P1'

（2）select PNO, QTY from SPJ where JNO='J1' and SNO='S1' ORDER BY PNO DESC

（3）select JNO from P, SPJ where P.PNO=SPJ.PNO and COLOR='红'and SNO='S1'

（4）select J.PNO from J, SPJ, S where J.PNO=SPJ.PNO and S.SNO=SPJ.SNO and J.CITY=S.CITY

（5）select COUNT(JNO) from J where CITY='杭州'

（6）select SNO, SUM(QTY) from SPJ GROUP BY SNO

（7）select JNO from SPJ GROUP BY JNO HAVING SUM(QTY)>(select SUM(QTY) from SPJ where JNO='J1')

（8）select PNO from P where WEIGHT=(select MIN(WEIGHT) from P)

（9）select distinct PNO from SPJ where JNO='J1' or JNO='J2'

（10）select distinct JNO from J where JNO not in (select distinct SPJ.JNO from S, SPJ where S.SNO=SPJ.SNO and S.CITY='上海')

（11）delete from J where JNO in (select JNO from SPJ where SNO='S1')

6.

（1）select SNAME from SUPPLIER where ADDR='北京'

（2）select ONO from ORDER where SNO='S6'

（3）select ONO from ORDER where SNO='S6' and ENO='E6'

（4）select ENO, WHNO from EMPLOYEE where ENO IN
(select ENO from ORDER where SNO='S3')

或者 select ENO, WHNO from EMPLOYEE, ORDER where

```
    EMPLOYEE.ENO=ORDER.ENO and ORDER.SNO='S3'
（5）select *from EMPLOYEE where ENO NOT IN(select ENO from ORDER where    SNO='S3')
（6）select * from SUPPLIER where SNO NOT IN(select SNO from ORDER)
（7）select * from SUPPLIER where ADDR='北京' and
    (EXISTS (select * from ORDER where SNO=SUPPIER.SNO and ENO='E1'))
      and
    (EXISTS (select * from ORDER where SNO=SUPPIER.SNO and ENO='E3'))
（8）select EMPLOYEE.* from EMPLOYEE, ORDER, SUPPLIER
    where EMPLOYEE.ENO=ORDER.ENO and ORDER.SNO=SUPPLIER.SNO
      and SUPPLIER.SNAME='华通电子公司'
（9）select SNAME from SUPPLIER where SNO not in
    (select SNO from ORDER where ENO in
    (select ENO from EMPLOYEE where SALARY<1220))
（10）select CITY from WAREHOUSE, EMPLOYEE, ORDER
    where WAREHOUSE.WHNO=EMPLOYEE.WHNO
      and EMPLOYEE.ENO=ORDER.ENO and ORDER.SNO='S4';
（11）select ENO from EMPLOYEE, WAREHOUSE, ORDER
    where EMPLOYEE.WHNO=WREHOUSE.WHNO and WREHOUSE.CITY='上海'
      and EMPLOYEE.ENO=ORDER.ENO and ORDER.SNO='S6'
（12）select ENO from EMPLOYEE where (WHNO in select WHNO from WAREHOUSE
    where CITY='广州') and (ENO in select ENO from ORDER where SNO='S6')
      and (NOT EXISTS (select * from ORDER where SNO<>'S6'
        and ENO=EMPLOYEE.ENO))
（13）select ONO from ORDER, EMPLOYEE, SUPPLIER
    where ORDER.ENO= EMPLOYEE.ENO and EMPLOYEE.SALARY>1230
      and ORDER.SNO= SUPPLIER.SNO and SUPPLIER. ADDR='北京'
（14）select COUNT(*) from WAREHOUSE
（15）select * from WAREHOUSE OUTER
    where OUTER.SIZE=(select MAX(SIZE) from WAREHOUSE INNER)
（16）select AVG(SIZE) from WAREHOUSE
（17）select AVG(SIZE) from WAREHOUSE
    where WHNO in (select WHNO from EMPLOYEE
      where ENO in (select ENO from ORDER where SNO='S4'))
（18）select CITY, COUNT(SNO) from SUPPLIER GROUP BY CITY
（19）select WHNO, COUNT(ENO) from EMPLOYEE
    group by WHNO having SALARY>1220
（20）select COUNT(DISTINCT SNO) from ORDER
    where ENO in
      (select ENO from EMPLOYEE
      where WHNO in
          (select WHNO from WAREHOUSE OUTER
```

```
                where OUTER.SIZE=select MIN(SIZE)
                              from WAREHOUSE))
（21）select * from EMPLOYEE OUTER
    where OUTER.SALARY<(select AVG(SALARY) from EMPLOYEE INNER
        where INNER.WHNO=OUTER.WHNO GROUP BY WHNO)
（22）insert into SUPPLIER VALUES('S9', '智通公司', '沈阳')
（23）delete from SUPPLIER where SNO not in (select SNO from ORDER)
（24）delete from ORDER where ENO in (select ENO FROM EMPLOYEE
    where WHNO in (select WHNO from WAREHOUSE where CITY='上海'))
（25）update WAREHOUSE set SIZE=SIZE+100 where CITY='北京'
（26）update EMPLOYEE OUTER set OUTER.SALARY=OUTER.SALARY*1.05
    where OUTER.SALARY<(select AVG(SALARY) from EMPLOYEE INNER)
```

4.4 主教材习题参考答案

一、选择题

1．B　2．A　3．C　4．A　5．A　6．C　7．C　8．D　9．B
10．A　11．B　12．A　13．C　14．C　15．C

二、填空题

1．drop table
2．alter table
3．with check option
4．基本表、基本表
5．distinct、group by、order by
6．数据定义、数据操纵、数据控制
7．distinct
8．like、%、_
9．自含式、嵌入式
10．order by、asc、desc

三、综合题

注：由于题目中的 xk 表与数据库 edu_d 中的 xk 表不同，因此先建立视图 xk1。下面的查询中使用 xk1 表，不再用 xk 表。建立视图 xk1 的语句如下：

```
create view xk1 as
select stu_info.xh, xm, xk.kch, kscj, kkny, xk.kcxf, km, jsh as jsm, bz
from stu_info, xk, gcourse
where stu_info.xh=xk.xh and xk.kch=gcourse.kch
```

1．select xh, xm, zym, bh, rxsj
```
from stu_info, gfied
where stu_info.zyh=gfied.zyh and nl>23 and xbm='男'
```

2．select stu_info.zyh, zym, count(*)

```
    from stu_info, gfied
    where stu_info.zyh=gfied.zyh and stu_info.xsh='12'
    group by stu_info.zyh, zym
3. select bh, count(*)
    from stu_info
    group by bh
4. select xh, xm, xbm, bh
    from stu_info
    where zyh in (select zyh from stu_info where xm='李明')
5. select distinct kch, km
    from xk1
    where xh in (select xh from stu_info where xsh='12')
6. select count(distinct kch), avg(kscj)
    from xk1
    where xh in (select xh from stu_info where xsh='12')
7. select stu_info.xh, stu_info.xm, bh, zyh, km
    from stu_info, xk1
    where stu_info.xh=xk1.xh and kscj>85
    order by zyh, bh, stu_info.xh
8. select stu_info.xh, stu_info.xm, xsm, zym, bh, pyccm
    from stu_info,xk1, gdept, gfied
    where xk1.kkny='20011' and stu_info.xh=xk1.xh and stu_info.xsh=gdept.xsh
        and stu_info.zyh=gfied.zyh
    group by stu_info.xh, stu_info.xm, xsm, zym, bh, pyccm
    having count(*)>7
9. select distinct bh
    from stu_info
10. delete * from stu_info
     where xh like '2000%'
11. alter table stu_info
     add bysj char(8)
12. update xk1
     set kscj=60
          where xh in (select xh from stu_info where zyh='0501')
     and km like '%英语%'
     and kscj between 55 and 59
13. update xk1
     set kcxf=6
     where kch='090101'
14. create table ncourse(
     kch char(6),
     km varchar(30),
     kcywm varchar(30))
15. create view ISE as
     select stu_info.*
     from stu_info,gdept
     where stu_info.xsh=gdept.xsh and xsm='信息科学与工程'
```

第5章　数据库设计

数据库设计主要分为需要分析、概念结构设计、逻辑结构设计、物理设计、数据库实施以及数据库的运行与维护6个阶段。通过本章的学习，掌握数据库设计的每个阶段所要完成的主要内容和方法。重点掌握规范化理论、函数依赖及范式相关概念。

5.1　知识要点

1．数据库设计概述

所谓数据库设计，就是充分了解实际需求后，把系统所需要的数据以适当的形式表示出来，使之既能满足用户的需求，又能合理有效地存储数据，方便数据的访问和共享。

数据库设计包括数据库的结构设计和数据库的行为设计两方面的内容。结构设计又称为静态模型设计，行为设计又称为动态模型设计。

数据库设计过程一般分为6个阶段：需求分析、概念结构设计、逻辑结构设计、物理设计、数据库实施、数据库运行和维护。

2．规范化

在数据库逻辑结构设计阶段，需要将E-R模型转换成关系，为了使所设计的关系具有较好的特性，在数据库逻辑结构设计阶段要以关系数据库规范化理论为指导。

规范化理论用来改造关系模式，通过分解来消除关系模式中不合适的问题，解决删除异常、更新异常、插入异常和数据冗余问题。

为了理解规范化理论，需要掌握函数依赖的知识。

（1）函数依赖：设$R(U)$是一个属性集U上的关系模式，X和Y是U的子集。若对于$R(U)$的任意一个可能的关系r，r中不可能存在两个元组在X上的属性值相等，而在Y上的属性值不等，则称“X函数确定Y”或“Y函数依赖于X”，记为$X \rightarrow Y$。如果“Y函数不依赖于X”，则记为$X \nrightarrow Y$。

（2）函数依赖的性质：

① 投影性：一组属性函数决定它的所有子集；

② 合并性：若$X \rightarrow Y$且$X \rightarrow Z$，则必有$X \rightarrow (Y, Z)$；

③ 扩张性：若$X \rightarrow Y$且$W \rightarrow Z$，则$(X, W) \rightarrow (Y, Z)$；

④ 分解性：若$X \rightarrow (Y, Z)$，则$X \rightarrow Y$且$X \rightarrow Z$。

（3）完全函数依赖与部分函数依赖

在关系模式$R(U)$中，如果$X \rightarrow Y$，并且对于X的任何一个真子集X'，都有$X' \nrightarrow Y$，则称Y完全函数依赖于X，记为$X \xrightarrow{F} Y$。若$X \rightarrow Y$，但Y不完全函数依赖于X，则称Y部分函数依赖于X，记为$X \xrightarrow{P} Y$。

（4）传递函数依赖

在关系模式$R(U)$中，如果$X \rightarrow Y$，$Y \rightarrow Z$，且$Y \not\subset X$，$Y \nrightarrow X$，则称Z传递函数依赖于X。

所谓关系的规范化，就是采用分解的办法，力求使关系的语义单纯化。由于关系的规范化要求不同，出现了满足不同级别关系模式的集合，称为范式。

① 1NF：满足最低要求的关系（关系表的每一分量是不可再分的数据项），叫第一范式，简称 1NF。第一范式是对关系模式的最起码的要求。

② 2NF：若关系模式 $R \in 1NF$，且每一个非主属性都完全函数依赖于 R 的码，则 $R \in 2NF$。也就是说，对 R 的每一个非平凡的函数依赖 $X \rightarrow Y$，要么 Y 是主属性，要么 X 不是任何码的真子集，则 $R \in 2NF$。

③ 3NF：若 $R \in 3NF$，则 R 的每一个非主属性既不部分函数依赖于候选码，也不传递函数依赖于候选码。如果 $R \in 3NF$，则 R 也是 2NF。

④ BCNF：设关系模式 $R > U$，$F \in 1NF$，如果对于 R 的每个函数依赖 $X \rightarrow Y$，若 Y 不属于 X，则 X 必含有候选码，那么 $R \in BCNF$。

关系模式规范化的基本步骤：消除 1NF 中非主属性对码的部分函数依赖，以达到 2NF；然后在 2NF 中消除非主属性对码的传递函数依赖，以达到 3NF；最后在 3NF 中消除主属性对码的部分和传递函数依赖，以达到 BCNF。

规范化的基本思想就是消除不合适的数据依赖，使模式中的各关系模式达到某种程度的“分离”。采用“一事一义”的模式设计原则，让一个关系描述一个概念、一个实体或实体间的一种联系。若多于一个概念，就把它“分离”出去。

3. 需求分析

这个阶段的主要任务是通过对数据库用户及各个环节的有关人员做详细调查分析，了解现实世界具体工作的全过程及各个环节，在与应用单位有关人员的共同商讨下，初步归纳出以下两方面的内容：信息需求和处理需求。

需求分析主要包括以下步骤：理清业务流程、确定系统功能、画出数据流程图、编写数据字典。

需求分析的方法：① 跟班作业；② 开调查会；③ 请专人介绍；④ 询问；⑤ 设计调查表请用户填写；⑥ 查阅记录。

数据流程图的组成：① 数据流；② 数据处理；③ 数据存储；④ 数据源及数据终点。

一般数据库的数据字典包括以下元素：① 数据项；② 数据结构；③ 数据流；④ 数据存储；⑤ 处理过程。

4. 概念结构设计

将需求分析阶段得到的用户需求抽象为信息结构即概念模型的过程就是概念结构设计。概念结构设计的任务是，将需求分析的结果进行概念化抽象。

概念结构设计的方法有以下四类：自顶向下、自底向上、逐步扩张、混合策略。

局部 E-R 模型设计可分为如下几个步骤：确定各局部 E-R 模型描述的范围、逐一设计分 E-R 图。

全局概念结构设计是指如何将多个局部 E-R 模型合并，并去掉冗余的实体集、实体集属性和联系集，解决各种冲突，最终产生全局 E-R 模型的过程。

冲突一般分为：属性冲突、命名冲突、结构冲突。

5. 逻辑结构设计

逻辑结构设计阶段的任务就是把概念结构设计阶段设计好的基本 E-R 图转换为与选用 DBMS 产品所支持的数据模型相符合的逻辑结构。逻辑结构设计阶段一般分三步：

① E-R 图向关系模型的转换；

② 用关系数据理论对关系模式的规范化；

③ 关系模式的优化。

E-R 图向关系模型的转换原则如下：

① 一个实体型转换为一个关系模式；

② 一个 $m{:}n$ 联系转换为一个关系模式；

③ 一个 $1{:}n$ 联系可以转换为一个独立的关系模式，也可以与 n 端对应的关系模式合并；

④ 一个 1:1 联系可以转换为一个独立的关系模式，也可以与任意一端对应的关系模式合并；

⑤ 三个或三个以上实体间的一个多元联系转换为一个关系模式；

⑥ 同一实体集的实体间的联系，即自联系，也可按上述 1:1、$1{:}n$ 和 $m{:}n$ 三种情况分别处理；

⑦ 具有相同码的关系模式可合并。

为了提高数据库应用系统的性能，需要对关系模式优化，关系数据模型的优化通常以规范化理论为指导，采用合并和分解的方法。

6. 数据库的物理设计

数据库在物理设备上的存储结构与存取方法称为数据库的物理结构。为一个给定的逻辑数据模型选取一个最适合应用环境的物理结构的过程，就是数据库的物理设计。

数据库物理设计分为两个步骤：确定数据库的物理存储结构，对物理结构进行评价，评价的重点是时间和空间效率。

数据库物理设计的步骤：

（1）确定数据库的物理存储结构

① 确定数据的存储结构；② 设计合适的存取路径；③ 确定数据的存放位置；④ 确定系统配置。

（2）评价物理结构

评价内容：数据库物理设计过程中需要对时间效率、空间效率、维护代价和各种用户的要求进行权衡，产生多种设计方案。数据库设计人员必须对这些方案进行评价，从中选出一种较优的设计方案作为数据库的物理结构。

5.2 习　　题

一、选择题

1. 有关系：教学（学号、教工号、课程号），假定每个学生可以选修多门课程，每门课程可以由多名学生来选修，每个教师只能讲授一门课程，每门课程只能由一个教师来讲授，那么该关系的主键是（　　）。

A）课程号　　B）教工号　　C）学号　　D）（学号，教工号）

2. 如果采用关系数据库实现应用，在数据库逻辑设计阶段需将（　　）转换为关系数据模型。

A）E-R 模型　　B）层次模型　　C）关系模型　　D）网状模型

3. 概念设计的结果是（　　）。

A）一个与 DBMS 相关的概念模型　　B）一个与 DBMS 无关的概念模型

C）数据库系统的公用视图　　D）数据库系统的数据字典

4. 下列关于关系数据库的规范化理论的叙述中，不正确的是（　　）。

A）规范化理论提供了判断关系模式优劣的理论标准

B）规范化理论提供了判断关系数据库管理系统优劣的理论标准

C）规范化理论对于关系数据库设计具有重要指导意义

D）规范化理论对于其他模型的数据库的设计也有重要指导意义

5. 下列不是由于关系模式设计不当所引起的问题是（　　）。

A）数据冗余　　B）插入异常　　C）删除异常　　D）丢失修改

6．下列不属于数据库设计的任务是（　　）。

A）进行需求分析　　B）设计数据库管理系统

C）设计数据库逻辑结构　　D）设计数据库物理结构

7．下列有关 E-R 模型向关系模型转换的叙述中，不正确的是（　　）。

A）一个实体类型转换成一个关系模式

B）一个 $m{:}n$ 联系转换为一个关系模式

C）一个 1:1 联系可以转换为一个独立的关系模式，也可以与联系的任意一端实体所对应的关系模式合并

D）一个 $1{:}n$ 联系可以转换为一个独立的关系模式，也可以与联系的任意一端实体所对应的关系模式合并

8．在将 E-R 模型向关系模型转换的过程中，若将三个实体之间的多元联系转换为一个关系模式，则该关系模式的码为（　　）。

A）其中任意两个实体的码的组合　　B）其中任意一个实体的码

C）三个实体的码的组合　　D）三个实体的其他属性的组合

9．下列关于关系模式规范化的叙述中，不正确的是（　　）。

A）若 $R \in$ BCNF，则必然 $R \in$ 3NF　　B）若 $R \in$ 3NF，则必然 $R \in$ 2NF

C）若 $R \in$ 2NF，则必然 $R \in$ 1NF　　D）若 $R \in$ 1NF，则必然 $R \in$ BCNF

10．下列不是局部 E-R 图集成为全局 E-R 图时可能存在的冲突的是（　　）。

A）模型冲突　　B）结构冲突　　C）属性冲突　　D）命名冲突

11．下列（　　）是由于关系模式设计不当所引起的问题。

Ⅰ．数据冗余　Ⅱ．插入异常　Ⅲ．删除异常　Ⅳ．丢失修改　Ⅴ．不可重复读

A）仅Ⅱ和Ⅲ　　B）仅Ⅰ、Ⅱ和Ⅲ　　C）仅Ⅰ、Ⅳ和Ⅴ　　D）仅Ⅱ、Ⅲ和Ⅳ

12．从 E-R 模型到关系模式的转换是数据库设计的（　　）阶段的任务。

A）需求分析　　B）概念结构设计　　C）逻辑结构设计　　D）物理结构设计

13．下列关于 E-R 模型向关系模型转换的叙述中，不正确的是（　　）。

A）一个实体类型转换成一个关系模式，关系的码就是实体的码

B）一个 $1{:}n$ 联系转换为一个关系模式，关系的码是 $1{:}n$ 联系的“1”端实体的码

C）一个 $m{:}n$ 联系转换为一个关系模式，关系的码为各实体码的组合

D）三个或三个以上实体间的多元联系转换为一个关系模式，关系的码为各实体码的组合

14．下列关于函数依赖的叙述中，不正确的是（　　）。

A）若 $X \to Y$，$Y \to Z$，则 $X \to Z$　　B）若 $X \to Y$，$Y' \subseteq Y$ 则 $X \to Y'$

C）若 $X \to Y$，$X' \subseteq X$，则 $X' \to Y$　　D）若 $X' \subseteq X$，则 $X \to X'$

15．若关系模式 R 中没有非主属性，则（　　）。

A）R 肯定属于 1NF，但 R 不一定属于 2NF

B）R 肯定属于 2NF，但 R 不一定属于 3NF

C）R 肯定属于 3NF，但 R 不一定属于 BCNF

D）R 肯定属于 BCNF

16．有关系模式 P(A, B, C, D, E, F, G, H, I, J)，根据语义有如下函数依赖集：F = {(A,B,D)→E, (A,B)→G, B→F, C→J, C→I, G→H}。则关系模式 P 的码为（　　）。

A）(A, B, C, G)　　B）(A, B, D, I)　　C）(A, C, D, G)　　D）(A, B, C, D)

17. 下列不是概念模型应具备的性质是（　　）。

A）有丰富的语义表达能力　　B）易于交流和理解

C）易于向各种数据模型转换　　D）在计算机中实现的效率高

18. 在将E-R模型向关系模型转换的过程中，若将三个实体之间的多元联系转换为一个关系模式，则该关系模式的码是（　　）。

A）其中任意两个实体的码的组合　　B）其中任意一个实体的码

C）三个实体的码的组合　　D）三个实体中所有属性的组合

19. 有关系模式 R(A, B, C, D, E)，根据语义有如下函数依赖集：F={A→C, (B, C)→D, (C, D)→A, (A, B)→E}。则下列属性组中（　　）是关系 R 的候选码。

Ⅰ.（A, B）　Ⅱ.（A, D）　Ⅲ.（B, C）　Ⅳ.（C, D）　Ⅴ.（B, D）

A）仅Ⅲ　B）仅Ⅰ和Ⅲ　C）仅Ⅰ、Ⅱ和Ⅳ　D）仅Ⅱ、Ⅲ和Ⅴ

20. 有关系模式 R(A, B, C, D, E)，根据语义有如下函数依赖集：F={A→C, (B, C)→D, (C, D)→A, (A, B)→E}。则关系模式 R 的规范化程度最高达到（　　）。

Ⅰ.（A, B）　Ⅱ.（A, D）　Ⅲ.（B, C）　Ⅳ.（C, D）　Ⅴ.（B, D）

A）1NF　B）2NF　C）3NF　D）BCNF

21. 在数据库设计中，当合并局部E-R图时，学生在某一局部应用中被当作实体，而在另一局部应用中被当作属性，那么这被称之为（　　）冲突。

A）属性　B）命名　C）联系　D）结构

22. 在关系模式 R 中，函数依赖 X→Y 的语义是（　　）。

A）在 R 的某一关系中，若任意两个元组的 X 值相等，则 Y 值也相等

B）在 R 的一切可能关系中，若任意两个元组的 X 值相等，则 Y 值也相等

C）在 R 的某一关系中，Y 值应与 X 值相等

D）在 R 的一切可能关系中，Y 值应与 X 值相等

23. 完成关系模式设计是在数据库设计的（　　）。

A）需求分析阶段　B）概念设计阶段　C）逻辑设计阶段　D）物理设计阶段

24. 关系模式设计理论主要解决的问题是（　　）。

A）提高查询速度　　B）消除操作异常和数据冗余

C）减少数据操作的复杂性　　D）保证数据的安全性和完整性

25. 如果一个关系属于3NF，则它（　　）。

A）必然属于2NF　　B）可能不属于1NF

C）可能不属于2NF　　D）必然属于BCNF

26. 若关系 R 属于1NF，且不存在非主属性部分函数依赖于主键，则 R 属于（　　）。

A）1NF　B）2NF　C）3NF　D）BCNF

27. 用来表达用户需求观点的数据库全局逻辑结构的模型称为（　　）。

A）逻辑模型　B）外部模型　C）内部模型　D）概念模型

28. 存在非主属性部分函数依赖于码的关系模式属于（　　）。

A）1NF　B）2NF　C）3NF　D）BCNF

29. 不属于数据库逻辑结构设计任务的是（　　）。

A）规范化　B）模式分解　C）模式合并　D）创建视图

30. 在数据库设计过程中，设计用户外模式属于（　　）。

A）物理设计　B）逻辑结构设计　C）数据库实施　D）概念结构设计

31．设关系模式 R(A, B, C)，下列结论错误的是（　　）。

A）若 A→B，B→C，则 A→C　　B）若 A→B，A→C，则 A→BC

C）若 BC→A，则 B→A，C→A　　D）若 B→A，C→A，则 BC→A

32．在某学校的综合管理系统设计阶段，教师实体在学籍管理子系统中被称为“教师”，而在从事管理系统中被称为“职工”，这类冲突被称之为（　　）。

A）语义冲突　B）命名冲突　C）属性冲突　D）结构冲突

33．新开发的数据库管理系统中，数据库管理员发现被用户频繁运行的某个处理程序使用了多个表的连接，产生这一问题的原因在于（　　）。

A）需求分析阶段对用户的信息要求和处理要求未完全掌握

B）概念结构设计不正确

C）逻辑结构设计阶段未能对关系模式分解到 BCNF

D）物理设计阶段未能正确选择数据的存储结构

34．概念结构设计是整个数据库设计的关键，它通过对用户需求进行综合、归纳与抽象，形成一个独立于具体 DBMS 的（　　）。

A）数据模型　B）概念模型　C）层次模型　D）关系模型

35．数据库设计中，确定数据库存储结构，即确定关系、索引、聚簇、日志、备份等数据的存储安排和存储结构，这是数据库设计的（　　）

A）需求分析阶段　B）逻辑设计阶段　C）概念设计阶段　D）物理设计阶段

36．数据库物理设计完成后，进入数据库实施阶段，一般不属于实施阶段的工作是（　　）

A）建立库结构　B）系统调试　C）加载数据　D）扩充功能

37．数据库设计可划分为六个阶段，每个阶段都有自己的设计内容，“为哪些关系，在哪些属性上建什么样的索引”这一设计内容应该属于（　　）设计阶段。

A）概念设计　B）逻辑设计　C）物理设计　D）全局设计

38．在关系数据库设计中，对关系进行规范化处理，使关系达到一定的范式，例如达到 3NF，这是（　　）阶段的任务。

A）需求分析阶段　B）概念设计阶段　C）物理设计阶段　D）逻辑设计阶段

39．概念模型是现实世界的第一层抽象，这一类最著名的模型是（　　）。

A）层次模型　B）关系模型　C）网状模型　D）实体-联系模型

40．关系数据库中，实现实体之间的联系是通过关系与关系之间的（　　）。

A）公共索引　B）公共存储　C）公共元组　D）公共属性

41．数据流程图是用于数据库设计中（　　）阶段的工具。

A）需求分析　B）概念设计　C）物理设计　D）逻辑设计

42．在 E-R 模型中，如果有 3 个不同的实体型，3 个 m:n 联系，根据 E-R 模型转换为关系模型的规则，转换为关系的数目是（　　）。

A）4　B）5　C）6　D）7

43．E-R 图中的联系可以与（　　）实体有关。

A）0 个　B）1 个　C）1 个或者多个　D）多个

44．下列不属于需求分析阶段的工作是（　　）。

A）分析用户活动　B）建立 E-R 图　C）建立数据字典　D）建立数据流图

45．若两个实体之间的联系是 1:m，则实现 1:m 联系的方法是（　　）。

A）在“m”端实体转换的关系中加入“1”端实体转换关系的码

B）将“*m*”端实体转换关系的码加入“1”端的关系

C）两个实体转换的关系中，分别加入另一个关系的码

D）将两个实体转换成一个关系

46．在概念模型中一个实体集合对应于关系模型中的一个（　　）。

A）元组（记录）　B）字段　C）关系　D）属性

47．结合实际，书店与图书之间应具有（　　）联系。

A）多对多　B）一对一　C）多对一　D）一对多

48．当B属于函数依赖于A属性时，属性A与B的联系是（　　）。

A）一对多　B）多对一　C）多对多　D）以上都不是

49．在E-R模型转换成关系模型的过程中，下列叙述不正确的是（　　）。

A）每个实体类型必须转换成一个关系模式

B）每个联系类型必须转换成一个关系模式

C）每个m:n联系类型必须转换成一个关系模式

D）在实际处理1:1和1:n联系类型时，多数情况不生成新的关系模式

50．一个学生可以同时借阅多本书，一本书只能由一个学生借阅，学生和图书之间为（　　）联系。

A）一对一　B）一对多　C）多对多　D）多对一

51．根据规范化理论，关系数据库中的关系必须满足其每一属性是（　　）。

A）互相关联的　B）互不相关的　C）不可分割的　D）长度可变的

52．如果关系模式R的所有属性都是不可分的基本数据项，则R满足（　　）。

A）1NF　B）2NF　C）3NF　D）BCNF

53．关系规范化中的插入异常是指（　　）。

A）应该删除的数据未被删除　B）应该插入的数据未被插入

C）不该被删除的数据被删除　D）不该插入的数据被插入

54．关系规范化中的删除异常是指（　　）。

A）应该删除的数据未被删除　B）应该插入的数据未被插入

C）不该被删除的数据被删除　D）不该插入的数据被插入

55．将E-R图转换为关系模式时，实体和联系都可以表示为（　　）。

A）属性　B）键　C）关系　D）域

二、填空题

1．数据库中存放数据的基本单位是____________。

2．由于关系模式设计不当所引起的问题有数据冗余、__________、__________和__________。

3．实体之间的联系有____________、____________、____________三种。

4．E-R模型是对现实世界的一种抽象，它的主要成分是____________、联系和____________。

5．公司中有若干部门和若干职员，每个职员只能属于一个部门，一个部门可以有多名职员，职员与部门的联系类型是____________。

6．对于函数依赖$X \rightarrow Y$，如果Y包含于X，则称$X \rightarrow Y$是一个____________。

7．关系模式由1NF转化为2NF消除了非主属性对码的____________。

8．关系模式由2NF转化为3NF消除了非主属性对码的____________。

9．若有关系stu_info(xh, xm, xbm, xsh, xsm)，该关系中存在的函数依赖关系有：xh→xsh，xsh→xsm，则该关系中存在____________函数依赖。

10．若关系模式 $R \in 1NF$，对于每一个非平凡的函数依赖 $X \rightarrow Y$，都有 X 包含码，则 R 最高一定可以达到___________。

11．在关系模式 $R(A, B)$中，若 A 与 B 之间是一对多联系，则其函数依赖关系为___________。

12．在数据库设计中，把数据需求写成文档，它是各类数据描述的集合，包括数据项、数据结构、数据流、数据存储和数据加工过程等的描述，这通常称为___________。

13．数据字典中应包括对以下几部分数据的描述：___________、___________、___________。

14．数据流程图是在数据库设计中___________阶段使用的描述工具。

15．___________表达了数据和处理的关系，___________则是系统中各类数据描述的集合，是进行详细的数据收集和数据分析所获得的主要成果。

16．E-R 数据模型一般在数据库设计的___________阶段使用。

17．用___________方法来设计数据库的概念模型是数据库概念设计阶段广泛采用的方法。

18．数据库的逻辑结构设计阶段的任务是将___________转换成关系模型。

19．各分 E-R 图之间的冲突主要有三类：___________、___________和___________。

20．在 E-R 模型向关系模型转换时，$m:n$ 的联系转换为关系模式时，其码包括___________。

21．关系数据库的规范化理论是数据库___________阶段的一个有力工具；E-R 模型是数据库的___________阶段的一个有力工具。

22．概念结构设计的方法有以下 4 种：___________、___________、___________和___________。

23．数据流图和数据字典，属于数据库系统设计中的___________阶段；关系模式的设计，属于数据库系统设计中的___________阶段。

24．在合并分 E-R 图时，要注意消除___________问题，在优化全局 E-R 图时，要注意消除___________问题。

25．如果两个实体之间具有 $m:n$ 联系，则将它们转换为关系模型的结果是___________个关系。

26．“为哪些表，在哪些字段上，建立什么样的索引”这一设计内容应该属于数据库设计中的___________阶段。

27．数据库的物理设计通常分为两步：（1）确定数据库的___________，（2）对其进行评价，评价的重点是___________和___________。

28．数据库设计过程中，一般经过需求分析、___________、___________、___________、数据库实施和数据库运行维护等六个阶段。

三、简答题

1．什么是数据库设计？

2．简述数据库设计的几个阶段及相应的任务。

3．需求分析阶段的设计目标是什么？调查的内容是什么？

4．什么是数据库的概念结构？试述其特点和设计策略。

5．什么是数据库的逻辑结构设计？试述其设计步骤。

6．试述数据库物理设计的内容和步骤。

7．2NF 的定义是什么？如何将只满足 1NF 的关系模式转换为满足 2NF 的关系模式？

8．什么是 E-R 图？构成 E-R 图的基本要素是什么？

9．试述采用 E-R 方法的数据库概念结构设计的过程。

10．简述 E-R 模型中联系转换成关系模型的转换规则。

四、综合题

1．设有商店和顾客两个实体，“商店”有属性商店编号、商店名、地址、电话，“顾客”有属性顾客编号、姓名、地址、年龄、性别。假设一个商店有多位顾客购物，一个顾客可以到多个商店购物，顾客每次去商店购物有一个消费金额和日期，而且规定每个顾客在每个商店里每天最多消费一次。请画出 E-R 图，并注明属性和联系类型。

2．请把下面的 E-R 图转化为多个关系模式。

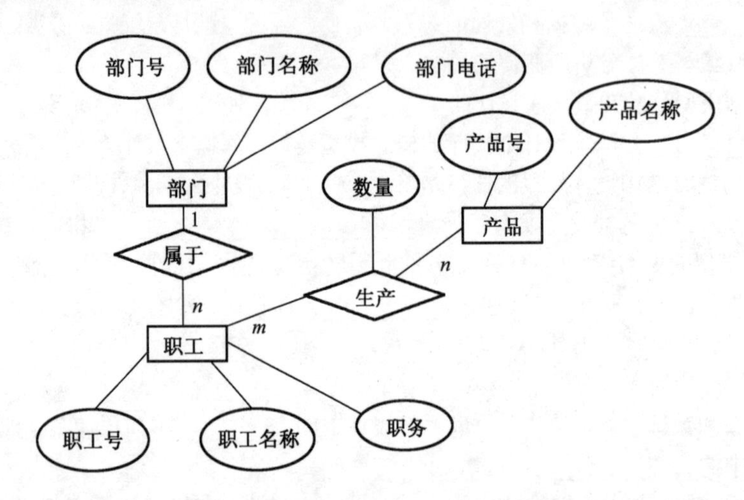

3．将下面给出的 E-R 图转换为相应的关系模型，要求每个关系模式用下画线标出主码。

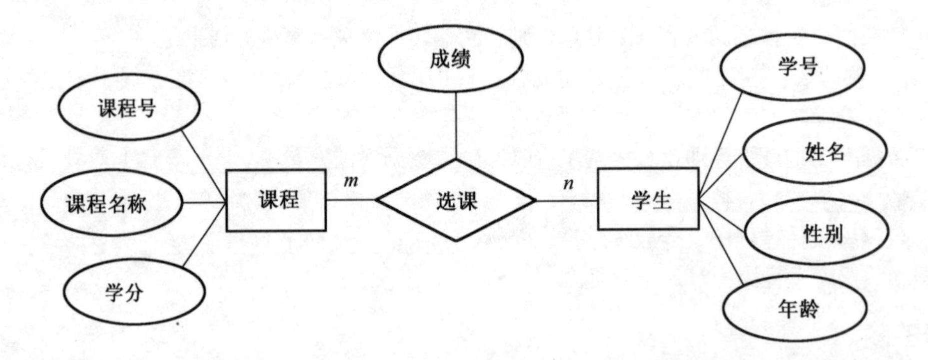

4．在程序设计工作中，一位程序员可以设计多个程序，一个程序也可以由多位程序员共同设计。现假设程序员的属性有：编号、姓名、性别、年龄、单位、职称。程序的属性有：程序名称、版权、专利号、价格。对每位程序员参与某个程序的设计要记录其开始时间及结束时间。请根据以上所述，画出 E-R 图。

5．设大学里教学数据库中有三个实体集。一是“课程”实体集，属性有课程号、课程名称；二是“教师”实体集，属性有教师工号、姓名、职称；三是“学生”实体集，属性有学号、姓名、性别、年龄。设教师与课程之间有“讲授”联系，每位教师只讲授一门课程，但每门课程可以由若干位教师讲授；学生与课程之间有“选课”联系，每个学生可选修若干门课程，每门课程可由若干名学生选修，学生选修课程后有个成绩。请根据以上信息画出相应的 E-R 图。

6．在某数据库设计的过程中，得到下列局部 E-R 图，请将该 E-R 图转换为相应的关系模式：

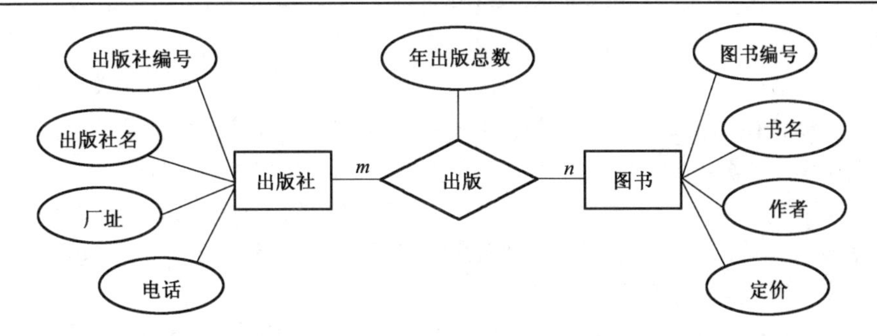

7．设某数据库中有三个实体型。一是“工厂”实体型，其属性有工厂名称、厂址、联系电话等；二是“产品”实体型，其属性有产品号、产品名、规格、单价等；三是“工人”实体型，其属性有工人编号、姓名、性别、职称等。工厂与产品之间存在生产联系，每个工厂可以生产多种产品，每种产品可由多个工厂加工生产，要记录每个工厂生产每种产品的月产量；工厂与工人之间存在雇佣关系，每个工人只能在一个工厂工作，工厂雇用工人有雇用期并议定月薪。试画出 E-R 图。

8．在某数据库设计的过程中，得到下列局部 E-R 图，请将该 E-R 图转换为相应的关系模式。

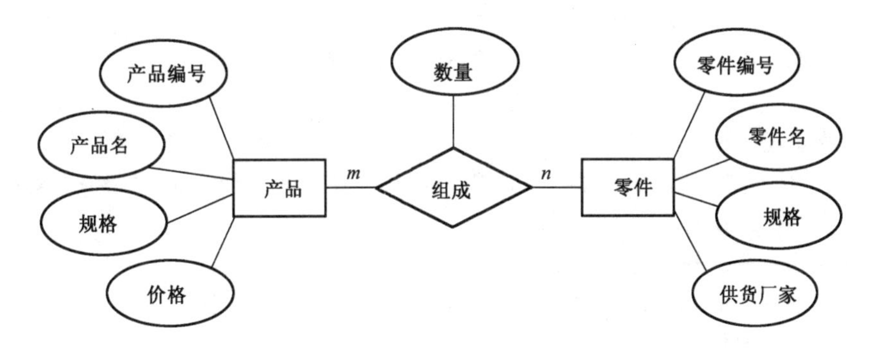

9．某医院住院部业务如下：

（1）一个病人只有一位主治医生，每一位主治医生可以治疗多位病人；

（2）一个病房可以住多位患者，一个患者可以多次住院，患者住院有住院时间等属性；

（3）病人的属性有患者编号、姓名、性别、年龄；医生的属性有医生编号、姓名、职务；病房的属性有病房编号、科室。

试根据上述业务规则：（1）设计 E-R 模型。（2）将 E-R 模型转换成关系模式集。

10．某连锁商店数据库中有三个实体集：“商店”实体集，“职工”实体集，“商品”实体集。业务规则如下：一个商店有若干职工，每个职工只能在一个商店工作；职工在商店工作有聘用日期、月薪等属性；商店可以销售多种商品，统计商品月销售量（自定义各实体属性）。

试根据上述业务规则：（1）设计 E-R 模型。（2）将 E-R 模型转换成关系模式集，并指出主码和外码。

11．设物资管理数据库中有两个实体集。一是“仓库”实体集，具有仓库号、地址、电话等属性；二是“零件”实体集，具有零件号、零件名称、规格、单价等属性。如果规定：一种零件可以存放在多个仓库中，一个仓库可以存放多种零件。存放在仓库中的零件有存放日期、库存量。试根据上述业务规则：（1）画出 E-R 图。（2）将 E-R 图转换成关系模式。

12．现有如下关系模式：R(A, B, C, D, E)，其中(A, B)组合为码，R 上存在的函数依赖有：(A, B)→E，B→C，C→D，请就如下问题作答：

（1）关系模式 R 满足 2NF 吗？为什么？

（2）如果将关系模式 R 分解为：

R1(A, B, E)

R2(B, C, D)

请指出关系模式 R2 的码，并说明该关系模式 R2 最高满足第几范式？

（3）将关系模式 *R* 分解到 3NF。

13．设有关系模式 *R*(Sno, Sdept, Sloc, Cno, Grade)和函数依赖{(Sno, Cno) Grade, Sno→Sdept, Sno→Sloc, Sdept→Sloc}，请从范式的角度：（1）把关系模式 *R* 先分解成符合 2NF 的关系模式；（2）把其中不符合 3NF 的关系模式分解成符合 3NF 的关系模式。

14．设有一个关系模式，其属性组成为：学号（S#），课程号（C#），成绩（G），任课教师（TN），教师所在系（D）。其中，学号和课程号分别与其代表的学生和课程一一对应。这些数据之间有下列语义关系：

- 一个学生所修的每门课程都有一个成绩。
- 每门课程只有一位任课教师，但每位任课教师可以讲授多门课程。
- 教师中没有重名，每个教师只属于一个系。

（1）试根据上述语义确定函数依赖集。

（2）该关系模式属于第几范式？请说明理由。

15．已知关系模式：学生（学号，姓名，性别，学院，院长）属于 2NF，请结合实际情况将该关系模式拆分，要求拆分后的所有关系模式都属于 3NF，请写出必要的说明。

16．有关系模式：*R*(Sno, Cno, Grade, Tname)，其中 Sno 表示学号，Cno 表示课程号，Grade 表示成绩，Tname 表示任课教师。

假设：每个学生选修一门课只取得一个成绩，每门课只有一位教师任教，不存在教师同名的情况。

（1）写出关系模式 *R* 的函数依赖集和候选码。

（2）该关系模式满足 3NF 吗？为什么？

17．现有如下关系模式：*R*(A, B, C, D, E)，其中(A, B)的组合为关键字，*R* 上其他属性间存在的函数依赖有：B→E，E→D。

（1）该关系模式满足 2NF 吗？为什么？

（2）将关系模式 *R* 分解为达到第 3NF 的关系模式。

18．设有如下所示的关系 *R*。

关系 *R*

职工号	职工名	年龄	性别	单位号	单位名
E001	张无忌	20	男	D03	CC
E002	赵敏	19	女	D03	CC
E003	周芷若	20	女	D02	BB
E004	常遇春	25	男	D01	AA

假设：每个职工都有一个唯一的编号，每个单位都有一个唯一的编号；一个职工只能在一个单位工作，一个单位可以有多个职工。

试问：（1）*R* 是否属于 3NF？为什么？

（2）如果不属于 3NF，那么它属于第几范式？为什么？

（3）写出分解后满足 3NF 的关系模式。

19．若有下列关系模式：stu_info(xh, xm, xbm, xsm, kch, kcm, kscj)，各属性分别为学号、姓名、性别、学院名、课程号、课程名、考试成绩。该关系模式中存在下列函数依赖：

xh→xm，xh→xbm，xh→xsm，kch→kcm，(xh, kch)→kscj

（1）写出该关系模式的码。
（2）该关系模式最高满足第几范式？说明理由。
20．某商店的业务描述如下：
（1）每一张发票有唯一的发票编号；
（2）一张发票可以购买多种商品，不同的发票可以购买同一种商品；
（3）一个厂商可以供应多种商品，一个商品可以由多家厂商供应；
（4）每一个厂商和每一种商品均有唯一的编号。
根据上述业务规则得到商品发票关系模式 R：
R（发票编号，日期，厂商编号，厂商名称，商品编号，商品名称，定价，数量）
试求：（1）写出 R 的基本函数依赖集 F；
（2）求 R 的候选码；
（3）判断 R 的规范化范式级别；
（4）将 R 规范到 3NF 范式。
21．假设某商业集团数据库中有一关系模式 R 如下：
R（商店编号，商品编号，数量，部门编号，负责人）
如果规定：（1）每个商店的每种商品只在一个部门销售；
（2）每个商店的每个部门只有一个负责人；
（3）每个商店的每种商品只有一个库存数量。
试回答下列问题：
（1）根据上述规定，写出关系模式 R 的基本函数依赖；
（2）找出关系模式 R 的候选码；
（3）试问关系模式 R 最高已经达到第几范式？为什么？
（4）如果 R 不属于 3NF，请将 R 分解成 3NF 模式集。
22．已知某书店销售订单的屏幕输出格式如下图所示。

订单编号：1379465		客户编号：JN200574		日期：2012-06-25
客户名称：济南大学		客户电话：87654321		地址：济微路 106 号
图书编号	书名	定价	数量	金额
SN8276001	英语	23.00	100	2300.00
SN8276002	高数	25.00	100	2500.00
合计：4800.00 元				

书店的业务描述：
（1）每一个订单有唯一的订单编号；
（2）一个订单可以订购多种图书，且每一种图书可以在多个订单中出现；
（3）一个订单对应一个客户，且一个客户可以有多个订单；
（4）每一个客户有唯一的客户编号；
（5）每一种图书有唯一的图书编号。
根据上述业务描述和订单格式得到关系模式 R：
R（订单编号，日期，客户编号，客户名称，客户电话，地址，图书编号，书名，定价，数量）
问：（1）写出 R 的基本函数依赖集。
（2）找出 R 的候选码。

（3）判断 R 最高可达到第几范式，为什么？

（4）将 R 分解为一组满足 3NF 的模式。

5.3 习题参考答案

一、选择题

1. D	2. A	3. B	4. D	5. D	6. B	7. D	8. C	9. D
10. A	11. B	12. C	13. B	14. C	15. C	16. D	17. D	18. C
19. B	20. C	21. D	22. B	23. C	24. B	25. A	26. B	27. D
28. A	29. D	30. B	31. C	32. B	33. A	34. B	35. D	36. D
37. C	38. D	39. D	40. D	41. A	42. C	43. C	44. B	45. A
46. C	47. A	48. B	49. B	50. B	51. C	52. A	53. B	54. C
55. C								

二、填空题

1. 表
2. 插入异常、删除异常、更新异常
3. 一对一、一对多、多对多
4. 实体、属性
5. 多对一
6. 平凡函数依赖
7. 部分函数依赖
8. 传递函数依赖
9. 传递
10. BCNF
11. B→A
12. 数据字典
13. 数据项、数据结构、数据流
14. 需求分析
15. 数据流程图、数据字典
16. 概念结构设计
17. 实体-联系方法
18. E-R 图
19. 属性冲突、命名冲突、结构冲突
20. m、n 端实体的码
21. 逻辑结构设计、概念结构设计
22. 自顶向下、自底向上、逐步扩张、混合策略
23. 需求分析、逻辑结构设计
24. 冲突、冗余
25. 3

26．物理设计

27．物理结构、时间效率、空间效率

28．概念结构设计、逻辑结构设计、物理设计

三、简答题

1．数据库设计是指对于一个给定的应用环境，提供一个确定最优数据模型与处理模式的逻辑设计，以及一个确定数据库存储结构与存取方法的物理设计，建立起既能反映现实世界信息和信息联系，满足用户数据要求和加工要求，又能被某个数据库管理系统所接受，同时能实现系统目标，并有效存取数据的数据库。其包括数据库的结构设计和数据库的行为设计两方面。

2．① 需求分析：是获得用户对所要建立的数据库的信息要求和处理要求的全面描述，确定新系统的功能。

② 概念结构设计：根据需求分析所确定的信息需求，建立信息（概念）模型。

③ 逻辑结构设计：把概念结构设计阶段所得到的与DBMS无关的数据模式，转换成某一个DBMS所支持的数据模型表示的逻辑结构。

④ 物理设计：是对给定的关系数据库模式，根据计算机系统所提供的手段和施加的限制，确定一个最适合应用环境的物理存储结构和存取方法。

⑤ 数据库实施：建立数据库，编制与调试应用程序，组织数据入库，并进行试运行。

⑥ 数据库运行和维护：在数据库系统运行过程中不断地对其进行评价、调整与修改。

3．需求分析阶段的设计目标是通过详细调查现实世界要处理的对象（组织、部门、企业等），充分了解原系统（手工系统或计算机系统）工作概况，明确用户的各种需求，然后在此基础上确定新系统的功能。调查的内容是“数据”和“处理”，即获得用户对数据库的如下要求：① 信息要求。指用户需要从数据库中获得信息的内容与性质。由信息要求可以导出数据要求，即在数据库中需要存储哪些数据。② 处理要求。指用户要完成什么处理功能，对处理的响应时间有什么要求，处理方式是批处理还是联机处理。③ 安全性与完整性要求。

4．概念结构是信息世界的结构，即概念模型，其主要特点是：① 能真实、充分地反映现实世界，包括事物和事物之间的联系，能满足用户对数据的处理要求，是对现实世界的一个真实模型。② 易于理解，从而可以用它和不熟悉计算机的用户交换意见，用户的积极参与是数据库设计成功的关键。③ 易于更改，当应用环境和应用要求改变时，容易对概念模型修改和扩充。④ 易于向关系、网状、层次等各种数据模型转换。概念结构的设计策略通常有四种：① 自顶向下。即首先定义全局概念结构的框架，然后逐步细化；② 自底向上。即首先定义各局部应用的概念结构，然后将它们集成起来，得到全局概念结构；③ 逐步扩张。首先定义最重要的核心概念结构，然后向外扩充，以滚雪球的方式逐步生成其他概念结构，直至总体概念结构；④ 混合策略。即将自顶向下和自底向上相结合，用自顶向下策略设计一个全局概念结构的框架，以它为骨架集成由自底向上策略中设计的各局部概念结构。

5．数据库的逻辑结构设计就是把概念结构设计阶段设计好的基本 E-R 图转换为与选用的DBMS产品所支持的数据模型相符合的逻辑结构。设计步骤为：① 将概念结构转换为一般的关系模型；② 将转换来的关系模型向特定DBMS支持下的数据模型转换；③ 对数据模型进行优化。

6．数据库在物理设备上的存储结构与存取方法称为数据库的物理结构，它依赖于给定的DBMS。为一个给定的逻辑数据模型选取一个最适合应用要求的物理结构，就是数据库的物理设计的主要内容。数据库的物理设计步骤通常分为两步：① 确定数据库的物理结构，在关系数据库中主要指存取方法和存储结构；② 对物理结构进行评价，评价的重点是时间和空间效率。

7. 若关系模式 $R\in$1NF，并且每一个非主属性都完全函数依赖于 R 的码，则 $R\in$2NF。将只满足 1NF 的关系模式转换为满足 2NF 的关系模式需要分解，消除非主属性对码的部分函数依赖。

8. E-R 图是实体-联系图，提供了表示实体型、属性和联系的方法，用来描述现实世界的概念模型。构成 E-R 图的基本要素是实体型、属性和联系，其表示方法为：① 实体型：用矩形表示，矩形框内写明实体名；② 属性：用椭圆形表示，并用无向边将其与相应的实体连接起来；③ 联系：用菱形表示，菱形框内写明联系名，并用无向边分别与有关实体连接起来，同时在无向边旁标上联系的类型（1:1、1:n 或 m:n）。

9. 利用 E-R 方法进行数据库的概念设计，可分成三步进行：首先设计局部 E-R 模式，然后把各局部 E-R 模式综合成一个全局 E-R 模式，最后对全局 E-R 模式进行优化，得到最终的 E-R 模式，即概念模式。

10. 一个 m:n 联系转换为一个关系模式：关系的属性就是与该联系相连的各实体的码以及联系本身的属性，关系的码就是各实体码的组合。

一个 1:n 联系可以转换为一个独立的关系模式，也可以与 n 端对应的关系模式合并。

转换为一个独立的关系模式时，关系的属性就是与该联系相连的各实体的码以及联系本身的属性，关系的码是 n 端实体的码；与 n 端对应的关系模式合并时，合并后关系的属性是在 n 端关系中加入一端关系的码和联系本身的属性，合并后关系的码不变。

一个 1:1 联系可以转换为一个独立的关系模式，也可以与任意一端对应的关系模式合并。

转换为一个独立的关系模式时，关系的属性就是与该联系相连的各实体的码以及联系本身的属性，关系的候选码是每个实体的码均是该关系的候选码；与某一端对应的关系模式合并时，合并后关系的属性是加入对应关系的码和联系本身的属性，合并后关系的码不变。

四、综合题

1. E-R 图如下：

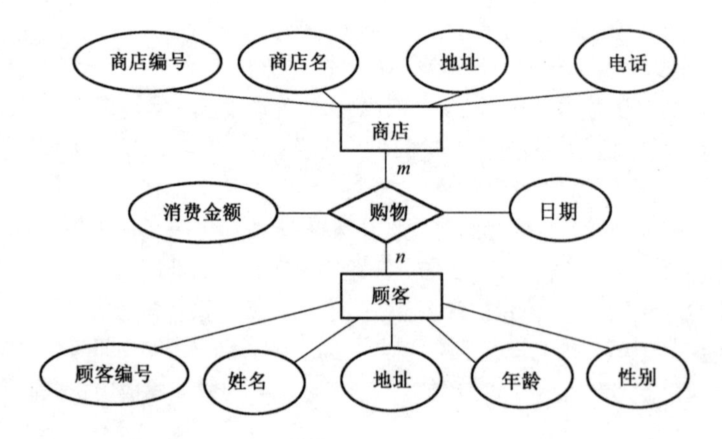

2. 部门（<u>部门号</u>，部门名称，部门电话）

职工（<u>职工号</u>，职工名称，职务，部门号）

产品（<u>产品号</u>，产品名称）

生产（<u>职工号，产品号</u>，数量）

3. 选课（<u>学号，课程号</u>，成绩）

课程（<u>课程号</u>，课程名称，学分）

学生（<u>学号</u>，姓名，性别，年龄）

4．E-R 图如下：

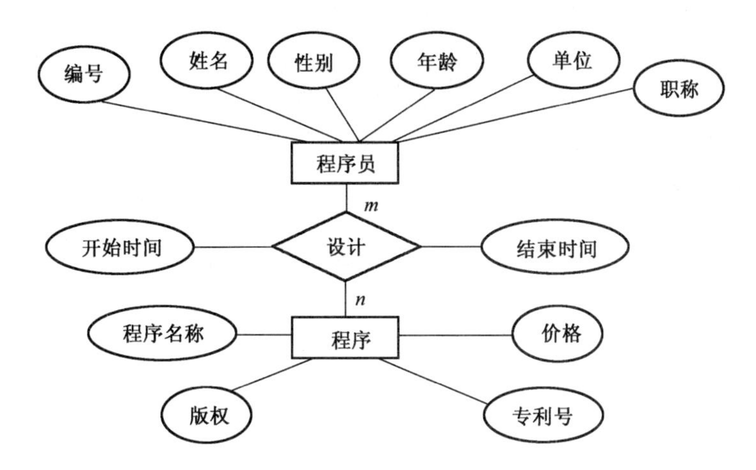

5．E-R 图如下：

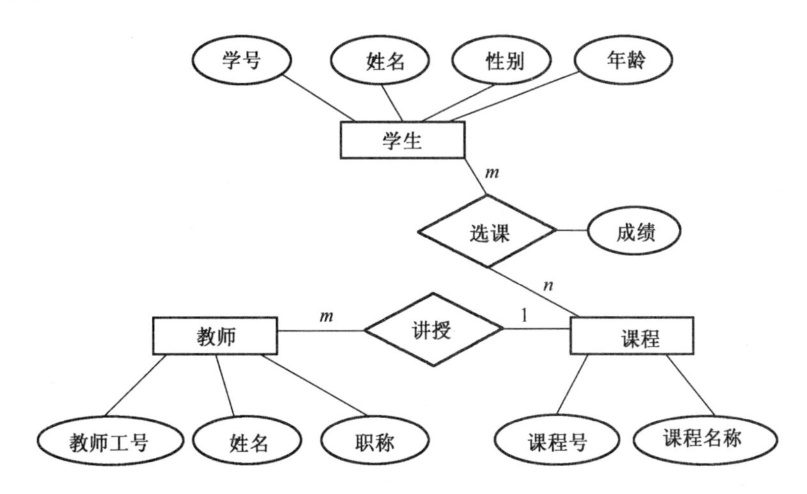

6．出版社（出版社编号，出版社名，厂址，电话）
图书（图书编号，书名，作者，定价）
出版（出版社编号，图书编号，年出版总数）
7．E-R 图如下：

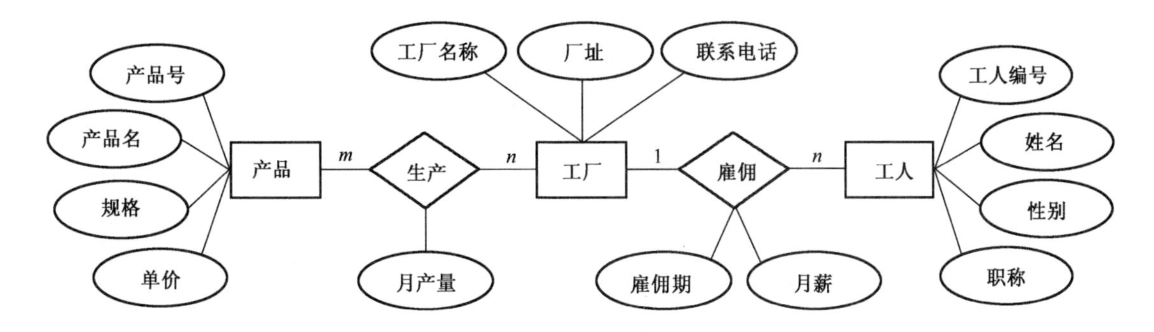

8．产品（产品编号，产品名，规格，价格）

零件（零件编号，零件名，规格，供货厂家）

组成（产品编号，零件编号，数量）

9.（1）E-R 图如下：

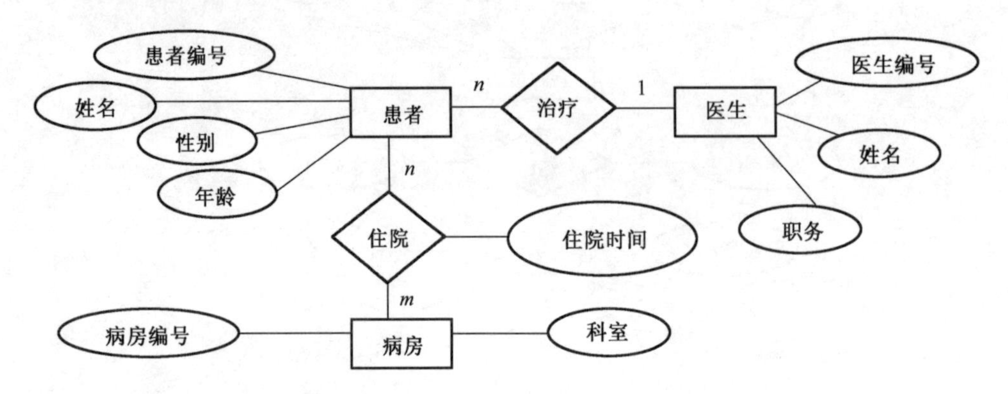

（2）E-R 模型转换成关系模式集如下：

患者（患者编号，姓名，性别，年龄，医生编号）

医生（医生编号，姓名，职务）

病房（病房编号，科室）

住院（患者编号，病房编号，住院时间）

10.（1）设计 E-R 模型如下：

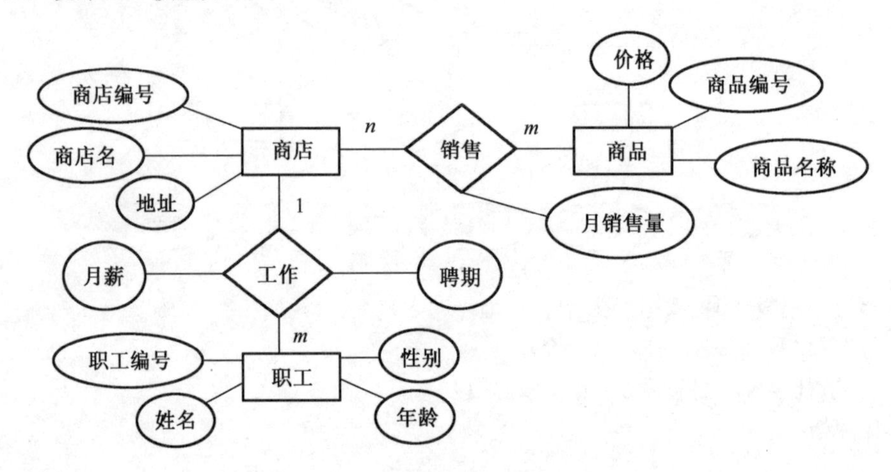

（2）E-R 模型转换成关系模式集如下：

商店（商店编号，商店名，地址）；　主码：商店编号

商品（商品编号，商品名称，价格）；　主码：商品编号

职工（职工编号，姓名，性别，年龄，商店编号，月薪，聘期）；主码：职工编号，外码：商店编号

销售（商店编号，商品编号，月销售量）；主码：（商店编号，商品编号），外码：商店编号，商品编号

11.（1）E-R 图如下：

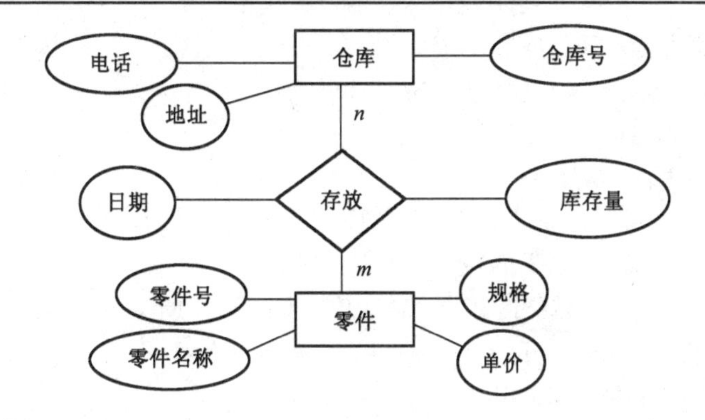

（2）转换后的关系模式：

仓库（仓库号，地址，电话）

零件（零件号，零件名称，规格，单价）

存放（仓库号，零件号，库存量，日期）

12.（1）不满足 2NF。因为(A, B)→C，且 B→C，所以存在 C 部分函数依赖于(A, B)，不满足 2NF 定义。

（2）R2 的码为 B。最高满足 2NF。因为 B→C，C→D，存在传递函数依赖，所以最高满足 2NF。

（3）R1(A, B, E)　R2(B, C)　R3(C, D)

13.（1）*R*(Sno, Sdept, Sloc, Cno, Grade)分解成 R1(Sno, Sdept, Sloc)和 R2(Sno, Cno, Grade)，符合第二范式。

（2）把 R1 分解成 R11(Sno, Sdept)和 R12(Sdept, Sloc)，符合第三范式。

14.（1）函数依赖有：(S, C)→G，　　C→TN，　　TN→D

（2）该关系模式属于 1NF，因为该关系的码为(S, C)，由函数依赖可知，存在非主属性 TN 对码的部分函数依赖。

15．拆分为：学生（学号，姓名，性别，学院）

学院（学院，院长）；

因为在学生关系中学号为主码，其他属性为非主属性，学院关系中学院为主码，其他属性为非主属性；且每个关系中都不存在非主属性对码的传递函数依赖，故拆分后的关系满足 3NF。

16.（1）函数依赖集：(Sno, Cno)→Grade, Cno→Tname

候选码：(Sno, Cno)

（2）不满足，因为存在非主属性对码的部分函数依赖 Cno→Tname。

17.（1）不符合第 2NF ，因为存在非主属性 E、D 部分函数依赖于码(A, B)。

（2）分解为：(A, B, C)、(B, E)、(E, D)都达到第 3NF。

18.（1）关系 *R* 的码为职工号，*R* 中存在的函数依赖关系有：职工号→单位号，单位号→单位名，即 *R* 中存在非主属性对码的传递函数依赖，因此 *R* 不属于 3NF。

（2）*R* 属于 2NF，因为不存在非主属性对码的部分函数依赖。

（3）*R* 分解后满足 3NF 的关系模式为：

R1（职工号，职工名，年龄，性别，单位号），码为：职工号

R2（单位号，单位名），码为：单位号

19.（1）该关系模式的码为：xh/学号。

（2）该关系模式满足第 2 范式。存在非主属性对码的传递函数依赖。

20.（1）函数依赖集 F 如下：

发票编号→日期

厂商编号→厂商名称

商品编号→（商品，定价）

（发票编号，厂商编号，商品编号）→ 数量

（2）R 的候选码：（发票编号，厂商编号，商品编号）

（3）因为存在非主属性对候选码的部分函数依赖，所以 $R \in$ 1NF。

（4）将 R 分解为：

R1（发票编号，日期）∈3NF

R2（厂商编号，厂商名称）∈3NF

R3（商品编号，商品，定价）∈3NF

R4（发票编号，厂商编号，商品编号，数量）∈3NF

21.（1）有三个函数依赖：

（商店编号，商品编号）→部门编号

（商店编号，部门编号）→负责人

（商店编号，商品编号）→数量

（2）R 的候选码：（商店编号，商品编号）

（3）因为 R 中存在着非主属性“负责人”对候选码（商店编号、商品编号）的传递函数依赖，所以 R 属于 2NF，R 不属于 3NF。

（4）将 R 分解成

R1（商店编号，商品编号，部门编号，数量）∈3NF

R2（商店编号，部门编号，负责人）∈3NF

22.（1）R 的基本函数依赖集如下：

订单编号→（日期，客户编号）

客户编号→（客户名称，客户电话）

图书编号→（图书名称，定价）

（订单编号，图书编号）→ 数量

（2）R 的候选码：（订单编号，图书编号）

（3）R 最高满足 1NF，因为存在非主属性对候选码的部分函数依赖

（4）将 R 分解为：

R1（订单编号，日期，客户编号）∈3NF

R2（图书编号，图书名称，定价）∈3NF

R3（客户编号，客户名称，客户电话）∈3NF

R4（订单编号，图书编号，数量）∈3NF

5.4 主教材习题参考答案

一、选择题

1. B　2. A　3. B　4. A　5. D　6. C　7. B

二、填空题

1．使属性域变为简单域、消除非主属性对码的部分函数依赖、消除非主属性对码的传递函数依赖

2．平凡函数依赖

3．Y 值相同、唯一的 Y 值

三、简答题

1．函数依赖：设 $R(U)$是属性集 U 上的关系模式。X、Y 是 U 的子集。若对于 $R(U)$的任意一个可能的关系 r，r 中不可能存在两个元组在 X 上的属性值相等，而在 Y 上的属性值不等，则称 X 函数确定 Y 或 Y 函数依赖于 X，记为 $X \to Y$。

完全函数依赖：在 $R(U)$中，如果 $X \to Y$，并且对于 X 的任何一个真子集 X'，都有 $X' \to Y$，则称 Y 对 X 完全函数依赖，记为 $X \xrightarrow{F} Y$ 。

部分函数依赖：在 $R(U)$中，如果 $X \to Y$，但 Y 不完全函数依赖于 X，即存在 X 的一个真子集 X'，$X' \to Y$，则称 Y 对 X 部分函数依赖，记为 $X \xrightarrow{P} Y$ 。

传递函数依赖：在 $R(U)$中，如果 $X \to Y$，$Y \to Z$，且 $Y \subseteq X$，$Y \to X$，$Z \notin Y$，则称 Z 对 X 传递函数依赖，记为 $X \xrightarrow{\text{传递}} Z$ 。

1NF：若关系模式 R 的每一个分量都是不可再分的数据项，则关系模式 R 属于第一范式，记为 $R \in$ 1NF。

2NF：若关系模式 $R \in$ 1NF，且每一个非主属性都完全函数依赖于码，则 $R \in$ 2NF（即 1NF 消除了非主属性对码的部分函数依赖而成为 2NF）。

3NF：若关系模式 $R \in$ 2NF，且每一个非主属性都不传递函数依赖于码，则 $R \in$ 3NF（即 2NF 消除了非主属性对码的传递函数依赖而成为 2NF）。

3NF 的另一种定义方法：关系模式 $R<U, F>$中若不存在这样的码 X、属性组 Y 及非主属性 $Z(Z \subsetneq Y)$使得 $X \to Y$，$Y \to X$，$Y \to Z$ 成立，则称 $R<U, F> \in$ 3NF。

BCNF：关系模式 $R<U, F> \in$ 1NF。如果对于 R 的每个函数依赖 $X \to Y$，若 $Y \subsetneq X$，则 X 必含有候选码，则 $R \in$ BCNF。

2．（1）由已知的函数依赖关系可知，关系模式 R 的码是(Sno, Cno)。因为 R 中存在非主属性对码的部分函数依赖，即 (Sno,Cno) $\xrightarrow{P}$ Teacher，也存在非主属性对码的传递函数依赖，即 (Sno, Cno) $\xrightarrow{\text{传递}}$ Title，因此 $R \in$ 1NF。

（2）将 R 分解到满足 3NF，包括以下几个关系：

R1(Sno, Cno, Grade)，码为(Sno, Cno)

R2(Cno, Teacher)，码为 Cno

R3(Teacher, Title)，码为 Teacher

（3）关系模型的所有属性组是这个关系模式的候选码，称为全码（All-key）。也就是说，若关系中只有一个候选码，且这个候选码包含全部属性，则称为全码。例如，关系模式 R(Teacher, Course, Student)，各属性分别表示教师、课程、学生。假如一个教师可以讲授多门课程，某门课程可以有多个教师讲授，学生可以听不同教师讲授的不同课程，那么要区分关系中的每一个元组，这个关系模式 R 的码应为全部属性 Teacher、Course 和 Student，即 All-key。

1）设关系 $R(U, F)$，因为 R 是全码，所以 U 中的属性均为主属性，即 R 不含任何非主属性。根据 3NF 的定义，R 中不存在非主属性对码的传递函数依赖，因此 $R \in$ 3NF。

2）使用反证法。假设 R BCNF，则按照定义，R 中必含有函数依赖 $X\rightarrow Y$，其中 $X\subset U$，$Y\subset U$，且 X 不含码。根据函数依赖的扩张性，在 $X\rightarrow Y$ 两边同时并上 $U-Y$，得 $X(U-Y)\rightarrow U$，显然 $X(U-Y)\neq U$ 或 $X(U-Y)\subset U$，这与已知条件关系 R 为全码相矛盾。即假设不成立，$R\in$BCNF，证毕。

3．关系模式 R 中存在的函数依赖关系有：

D→B、C→A

由函数依赖的扩张性可知，有函数依赖(C, D)→(A, B)，即 R 的码为(C, D)。因此 R 中还存在如下函数依赖：

$(C, D)\xrightarrow{P}A$；　$(C,D)\xrightarrow{P}B$；　$(C, D)\xrightarrow{F}(A, B)$

4．(1）需求分析：准确了解与分析用户需求（包括数据与处理）。(2）概念设计：通过对用户需求进行综合、归纳与抽象，形成一个独立于具体 DBMS 的概念模型。(3）逻辑设计：将概念结构转换为某个 DBMS 所支持的数据模型，并对其进行优化。(4）物理设计：为逻辑数据模型选取一个最适合应用环境的物理结构（包括存储结构和存取方法）。(5）数据库实施：设计人员运用 DBMS 提供的数据语言、工具及宿主语言，根据逻辑设计和物理设计的结果建立数据库，编制与调试应用程序，组织数据入库，并进行试运行。(6）数据库运行和维护：在数据库系统运行过程中对其进行评价、调整与修改。

5．数据字典是系统中各类数据描述的集合。数据字典的内容通常包括：数据项、数据结构、数据流、数据存储和处理过程五个部分。数据字典用于对数据库中的各元素进行详细的定义与描述，对数据流程图进行补充说明，给开发人员提供对于系统的更确切的描述信息，是进行概念设计的基础。

6．E-R 图是用来描述某一组织（单位）的概念模型，提供了表示实体、属性和联系的方法。构成 E-R 图的基本要素是实体、属性和关系。实体是指客观存在并可相互区分的事物；属性是指实体所具有的每一个特性；联系是指不同实体集之间或实体的各属性之间的关系。

7．(1）画出的 E-R 图如下所示：

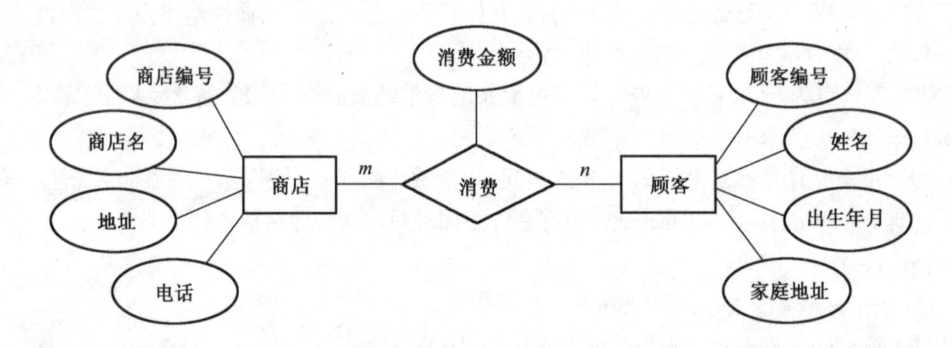

(2）商店（商店编号，商店名，地址，电话）；码：商店编号
　　顾客（顾客编号，姓名，性别，出生年月，家庭住址）；
　　消费（商店编号，顾客编号，消费金额）；

(3）关系商店的码：商店编号
　　关系顾客的码：顾客编号
　　关系消费的码：（商店编号，顾客编号）

第 6 章　数据库保护

通过本章的学习，掌握事务的概念及特性，了解 SQL Server 2000 事务应用。理解什么是数据库恢复，数据库可能出现的故障，掌握数据库恢复机制，了解 SQL Server 2000 中数据备份与恢复的方法。掌握并发操作带来的不一致问题，理解两种封锁。掌握数据库完整性的概念，理解 SQL Server 2000 中的三类完整性约束及其实现方法。理解数据库安全性的概念及常用安全性控制措施，了解 SQL Server 2000 中安全性的实现方法。

6.1　知 识 要 点

1. 事务

事务是指由用户定义的数据库操作序列，这个操作序列要么全做，要么全不做，是不可分割的。

事务有三种运行模式：自动提交事务、显示事务和隐性事务。

事务是恢复和并发控制的基本单位。事务具有 4 个特性：原子性（Atomicity）、一致性（Consistency）、隔离性（Isolation）和持续性（Durability），简称为 ACID 特性。

原子性是指一个事务是一个不可分割的工作单位，事务中包括的操作要么都做，要么都不做。一致性是指事务必须是使数据库从一个一致性状态变到另一个一致性状态。一致性与原子性是密切相关的。隔离性是指一个事务的执行不能被其他事务干扰，即一个事务内部的操作及使用的数据对并发的其他事务是隔离的，并发执行的各个事务之间不能互相干扰。持续性也称永久性（Permanence），是指一个事务一旦提交，它对数据库中数据的改变就应该是永久性的，接下来的其他操作或故障不应该对其有任何影响。

2. 数据库恢复技术

数据库恢复是指当数据库遭到破坏后，将数据库从错误的状态恢复到某一正确的状态。

（1）数据库可能出现的故障

数据库可能出现的故障有以下几种：

① 事务内部的故障

事务内部的故障有的是可以通过事务本身发现的，大多是非预期的，不能由事务本身处理。如运算溢出、多个并发事务发生死锁而被选中撤销该事务、违反了某些完整性限制等。

② 系统故障

系统故障也称为软故障，它是指在系统运行过程中造成系统停止运行的任何事件，使得系统需重新启动。如一些特定的硬件错误（CPU 故障、操作系统故障、突然停电等），这类故障影响正在运行的所有事务，但不破坏数据库，会使数据库处于不正确的状态。

③ 介质故障

介质故障又称为硬故障。它是指外存故障，即存放数据库的存储设备发生不可预知的故障。这类故障将破坏整个数据库或部分数据库，并影响正在存取这部分数据的所有事务。

④ 计算机病毒

计算机病毒具有破坏性，数据库一旦被病毒破坏，就需要用数据库恢复技术将数据库恢复。

这 4 类故障对数据库的影响有两种：一是数据库本身被破坏；二是数据库本身未被破坏，但数据可能不正确。

（2）数据库的恢复原理

数据库的恢复原理很简单，即使用冗余数据来实现。一个好的 DBMS 应该能够将数据库从不正确的状态恢复到最近一个正确的状态，DBMS 的这种能力称为“可恢复性”。

恢复机制涉及的两个关键问题是：

- 如何建立冗余数据，即数据库的重复存储；
- 如何利用这些冗余数据实现数据库恢复。

建立冗余数据最常用的技术就是数据转储和登记日志文件。

① 数据转储

数据转储是指数据库管理员定期地将整个数据库复制到磁带或另一个磁盘上保存起来的过程。这些备用的数据文本称为后备副本或后援副本。当数据库遭到破坏后可以将后备副本重新装入，但重装后只能将数据库恢复到转储时的状态，要想恢复到故障发生时的状态，必须重新运行转储以后的所有更新事务。

数据转储分为静态转储和动态转储。静态转储是指在系统中没有运行事务时进行的转储操作，转储期间不允许对数据库进行任何存取或修改操作，即转储前后数据库都处于一致性状态。动态转储是指转储期间允许对数据库进行存取或修改，即转储和用户事务可以并发执行。因此，必须将转储期间各事务对数据库的修改活动登记下来，建立日志文件。后备副本加上日志文件就能把数据库恢复到某一时刻的正确状态。

根据转储数据量的多少，转储还可以分为海量转储和增量转储。海量转储是指每次转储全部数据库。增量转储是指每次只转储上一次转储后更新过的数据。

综上，数据转储方法可以分为静态海量转储、静态增量转储、动态海量转储和动态增量转储。

② 登记日志文件

日志文件是用来记录事务对数据库更新操作的文件。日志文件主要有两种格式：以记录为单位的日志文件和以数据块为单位的日志文件。在以记录为单位的日志文件中，每条日志记录需要登记的内容包括：各个事务的开始标记（BEGIN TRANSACTION）、各个事务的结束标记（COMMIT 或 ROLLABCK）及各个事务的所有更新操作。

日志文件可以用来进行事务故障恢复和系统故障恢复，并协助后备副本进行介质故障恢复。事务故障恢复和系统故障恢复必须用日志文件。在动态转储方式中必须建立日志文件，后备副本和日志文件结合起来才能有效地恢复数据库。在静态转储方式中，也可以建立日志文件。当数据库毁坏后可以重新装入后备副本把数据库恢复到转储结束时刻的正确状态，然后利用日志文件，把已完成的事务进行重做处理，对故障发生时尚未完成的事务进行撤销处理。这样，不必重新运行那些已完成的事务程序就可以将数据库恢复到故障前某一时刻的正确状态。

登记日志文件必须遵循两条原则：登记的次序严格按并发事务执行的时间次序；必须先写日志文件，后写数据库。因此在对数据库操作时，必须遵循“先写日志文件”的原则。

3. 并发控制

并发是指多个事务同时访问同一数据。

（1）并发操作带来的不一致问题

并发操作带来的不一致问题有 3 类：丢失修改（Lost Update）、不可重复读（Non-Repeatable Read）、读“脏”数据（Dirty Read）。

产生数据不一致性的原因是多个事务对数据库的并发操作造成的。为了保证事务的隔离性和一致性，DBMS 需要对并发操作进行正确调度。

（2）并发控制——封锁及封锁协议

并发控制的主要技术是封锁（Locking）。所谓封锁，就是事务在对某个数据对象（如表、记录等）操作之前，先向系统发出请求，对其加锁。加锁后事务就对该数据对象有了一定的控制，在事务释放它的锁之前，其他的事务不能更新此数据对象。

封锁类型有两种：排他锁（Exclusive Locks，简称 X 锁）和共享锁（Share Locks，简称 S 锁）。

排他锁又称写锁。若事务 T 对数据对象 d 加上排他锁，则事务 T 既可读 d 又可写 d。

共享锁又称读锁，若事务 T 对数据对象 d 加上共享锁，则事务 T 可以读 d，但不能写 d。

在使用封锁方法时，对数据对象加锁时需要约定一些规则，例如何时申请封锁、持锁时间、何时释放封锁等，这些规则称为封锁协议（Locking Protocol）。

（3）活锁和死锁

封锁的问题可能引起活锁和死锁等问题。

① 活锁

如果事务 T1 封锁了数据 R，事务 T2 又请求封锁 R，于是 T2 等待。T3 也请求封锁 R，当 T1 释放了 R 上的封锁之后系统首先批准了 T3 的请求，T2 仍然等待。然后 T4 又请求封锁 R，当 T3 释放了 R 上的封锁之后系统又批准了 T4 的请求……T2 有可能永远等待，这种情况称为活锁。

避免活锁的简单方法是先来先服务的策略。当多个事务请求封锁同一数据对象时，封锁子系统按请求封锁的先后次序对事务排队，数据对象上的锁一旦释放，就批准申请队列中第一个事务获得锁。

② 死锁

如果事务 T1 封锁了数据 R1，T2 封锁了数据 R2，然后 T1 又请求封锁 R2，因 T2 已封锁了 R2，于是 T1 等待 T2 释放 R2 上的锁。接着 T2 又请求封锁 R1，因 T1 已封锁了 R1，T2 也只能等待 T1 释放 R1 上的锁。这样就出现了 T1 在等待 T2 而 T2 又在等待 T1 的局面，T1 和 T2 两个事务永远不能结束，形成死锁。

解决死锁问题主要有两类方法：一是采取一定的措施来预防死锁的发生，另一类方法是允许发生死锁，采用一定手段定期诊断系统中有无死锁，若有则解除之。

产生死锁的原因是两个或多个事务都已封锁了一些数据对象，然后又都请求对已为其他事务封锁的数据对象加锁，从而出现死等待。防止死锁的发生其实就是要破坏产生死锁的条件。预防死锁通常有两种方法：第一种是一次封锁法，即要求每个事务必须一次将所有要使用的数据全部加锁，否则就不能继续执行。第二种是顺序封锁法，即预先对数据对象规定一个封锁顺序，所有事务都按这个顺序实行封锁。

DBMS 更为普遍的是采用诊断并解除死锁的方法。一般使用超时法和等待图法。超时法是指一个事务的等待时间超过了规定的时限就认为发生了死锁。等待图法是用一个有向图来表示所有事务的运行情况和等待情况。并发控制子系统周期性地生成事务等待图，并进行检测。如果发现图中存在回路，则表示系统中出现了死锁。

4. 数据库的完整性

数据库的完整性是指数据库的正确性和相容性。数据的正确性是指数据的合法性和有效性。数据的相容性是指表示同一含义的数据虽在不同位置但值应相同。

数据库的完整性是为了防止数据库中存在不符合语义的数据，即防止数据库中存在不正确的数据。完整性检查是以完整性约束条件作为依据的，所以完整性约束条件是完整性控制机制的核心。

每个完整性约束条件应包含三部分内容：什么时候使用约束条件进行完整性约束检查；要检查什么样的问题或错误；如果检查出错误，系统应该怎样处理。

SQL 把完整性约束分成 3 种类型：实体完整性约束、参照完整性约束、用户自定义完整性约束。

实体完整性约束要求表中所有元组都应该有一个唯一的标识，即关键字，它通过定义候选码来实现。参照完整性约束可以实现参照表中的主键与被参照表中的外键之间的相容关系，它通过外键实现。用户自定义完整性约束是用户根据实际应用环境的要求添加的一些特殊的约束条件，反映了具体应用中数据需要满足的语义要求。

SQL Server 2000 支持 6 类约束：默认值约束（DEFAULT）、空值约束（NULL、NOT NULL）、CHECK 约束（CHECK）、唯一性约束（UNIQUE）、主键约束（PRIMARY KEY）和外键约束（FOREIGN KEY）。

5．数据库的安全性

数据库的安全性是指保护数据库以防止非法用户的使用而造成的数据泄露、更改或破坏。安全性控制的防范对象是非法用户和非法操作，防止他们对数据库数据的非法存取。完整性检查和控制的防范对象是不合语义的、不正确的数据，防止它们进入数据库。

数据库的安全性控制措施主要有：用户标识与鉴别、存取控制、视图机制和数据加密。

6.2 习 题

一、选择题

1．以下关于事务的说法，错误的是（　　）。

A）事务是构成数据库应用中一个独立逻辑工作单元的操作的集合

B）事务是访问并可能更新数据库中各种数据项的一个程序执行单元

C）事务以 begin transaction 语句开始

D）事务都以 commit 语句结束

2．（　　），数据库处于一致性状态。

A）采用静态副本恢复后　　B）事务执行过程中

C）突然断电后　　D）缓冲区数据写入数据库后

3．一个事务在执行过程中，其正在访问的数据被其他事务所修改，导致处理结果不正确，这是由于违背了事务的（　　）而引起的。

A）原子性　　B）一致性　　C）隔离性　　D）持久性

4．事务的原子性是指（　　）。

A）所有操作要么全部执行，要么一个也不执行

B）事务一旦提交，对数据库的改变是永久的

C）一个事务的内部操作及使用的数据对并发的其他事务是隔离的

D）事务必须使数据库从一个一致性状态变到另一个一致性状态

5．当多个事务并发执行时，数据库管理系统应保证一个事务的执行结果不受其他事务的干扰，事务并发执行的结果与这些事务串行执行的结果一样，这一特性被称为事务的（　　）。

A）原子性　　B）一致性　　C）持久性　　D）隔离性

6. 事务的一致性是指（　　）。

A）所有操作要么全部执行，要么一个也不执行

B）事务一旦提交，对数据库的改变是永久的

C）一个事务的内部操作及使用的数据对并发的其他事务是隔离的

D）事务必须使数据库从一个一致性状态变到另一个一致性状态

7. 对事务回滚的正确描述是（　　）。

A）将事务对数据库的修改进行恢复

B）将事务对数据库的更新写入硬盘

C）跳转到事务程序的开头重新执行

D）将事务中修改的变量值恢复到事务开始时的初值

8. 某系统中事务 T1 从账户 A 转出资金到账户 B 中。在此事务执行过程中，另一事务 T2 要进行所有账户金额统计操作。在 T1 和 T2 事务成功提交后，数据库服务器突然掉电重启。为了保证 T2 事务统计结果及重启后 A、B 两账户金额正确，需利用到的事务性质分别是（　　）。

A）一致性和隔离性　　B）隔离性和持久性

C）原子性和一致性　　D）原子性和持久性

9. 对事务日志的正确描述是（　　）。

A）事务日志记录了对数据库的所有操作

B）事务日志必须严格按服务数据库进行修改的时间次序记录

C）事务日志文件应该与数据库文件放在同一存储设备上

D）事务日志的主要目的是应用于审计

10. 在 SQL Server 2000 中，某数据库中有教师表（教师号，姓名，职称），其中教师号的数据类型是整型，其他均为字符类型。若教师表中当前没有数据，用户在数据库中依次执行下列语句：

Ⅰ. BEGIN TRANSACTION T1

Ⅱ. INSERT INTO 教师表 VALUES(1000, '张三', '助教');

Ⅲ. INSERT INTO 教师表 VALUES(1001, '王二', '助教');

Ⅳ. COMMIT T1

Ⅴ. BEGIN TRANSACTION T2

Ⅵ. INSERT INTO 教师表 VALUES(1002, '王三', '讲师');

Ⅶ. INSERT INTO 教师表 VALUES(1003, '李四', '讲师');

Ⅷ. COMMIT T2

在Ⅶ执行的时候数据库所在的服务器突然掉电，当数据库系统重启后，教师表中包含的数据条数为（　　）。

A）4 条　　B）3 条　　C）2 条　　D）0 条

11. 事务 T0、T1 和 T2 并发访问数据项 A、B、C，下列属于冲突操作的是（　　）。

A）T0 中的 read(A)和 T0 中的 write(A)

B）T0 中的 read(B)和 T2 中的 read(C)

C）T0 中的 write(A)和 T2 中的 write(C)

D）T1 中的 read(C)和 T2 中的 write(C)

12. 若数据 A 持有事务 T1 所加的排他锁，那么其他事务对数据 A（　　）。

A）加共享锁成功，加排他锁失败

B）加排他锁成功，加共享锁失败

C）加共享锁、排他锁都成功

D）加共享锁、排他锁都失败

13. 火车售票点T1、T2分别售出了两张2012年9月1日济南到北京的卧铺票，但数据库里的剩余票数却只减了两张，造成了数据的不一致，原因是（　　）。

A）系统信息显示错误　　B）丢失了某售票点的修改

C）售票点重复读数据　　D）售票点读了“脏”数据

14. 关于备份策略的描述，正确的是（　　）。

A）静态备份应经常进行

B）动态备份适合在事务请求频繁时进行

C）数据更新量小时适合做动态备份

D）海量备份适合在事务请求频繁时进行

15. 在数据库管理系统中，为保证并发事务的正确执行，需采用一定的并发控制技术。下列关于基于锁的并发控制技术的说法，错误的是（　　）。

A）锁是一种特殊的二元信号量，用来控制多个并发事务对共享资源的使用

B）数据库中的锁主要分为排他锁和共享锁，当某个数据项上已加有多个共享锁时，此数据项上只能再加一个排他锁

C）数据库管理系统可以采用先来先服务的方式防止出现活锁现象

D）当数据库管理系统检测到死锁后，可以采用撤销死锁事务的方式解除死锁

16. 下列关于排他锁和共享锁的说法中，错误的是（　　）。

A）只能有一个事务对加锁项加排他锁

B）排他锁也叫独占锁或X锁，共享锁也叫读锁或者S锁

C）当加了S锁后，其他的事务还可以对加锁项加X锁

D）当加了S锁后，其他的事务还可以对加锁项加S锁

17. 数据库系统中部分或全部事务由于无法获得对需要访问的数据项的控制权而处于等待状态，并且一直等待下去的一种系统状态的情况称为（　　）。

A）活锁　　B）死锁　　C）排他锁　　D共享锁

18. 死锁是数据库系统中可能出现的一种状态。下列有关死锁的说法，错误的是（　　）。

A）当事务由于无法获得对需要访问的数据项的控制权而处于等待状态时，称数据库中产生了死锁

B）死锁是由于系统中各事务间存在访问冲突操作且冲突操作的并发执行顺序不当而产生的

C）死锁预防可以使用一次加锁和顺序加锁两种方法，其中一次加锁法可能会降低系统的并发程度

D）解除死锁通常采用的方法是选择一个或几个造成死锁的事务，撤销这些事务并释放其持有的锁

19. 对数据对象施加封锁，可能会引起活锁和死锁问题。避免活锁的简单方法是采用（　　）的策略。

A）顺序封锁法　　B）依次封锁法　　C）优先级高先服务　　D）先来先服务

20. 为了防止某个数据库系统方面故障，设有下列措施：

Ⅰ. 配备UPS，保证服务器供电稳定

Ⅱ. 采用双硬盘镜像，以防止单个硬盘出现介质损坏而造成数据丢失

Ⅲ. 定期给操作系统打补丁，以免操作系统被攻击后重启

Ⅳ. 改善密码管理机制，提高各类密码的安全性，以免发生数据失窃

Ⅴ. 加强事务流程测试和验证，以免发生并行事务死锁

以上措施中，用于防止数据库系统出现系统故障（软故障）的是（　　）。

A）仅Ⅰ、Ⅱ和Ⅲ　　B）仅Ⅲ、Ⅳ和Ⅴ

C）仅Ⅰ和Ⅲ　　D）仅Ⅳ和Ⅴ

21. 设有商场数据库应用系统，在其生命周期中，可能发生如下故障：

Ⅰ. 因场地火灾导致数据库服务器烧毁，该服务器中的数据库数据全部丢失

Ⅱ. 因数据库服务器感染病毒，导致服务器中的数据丢失

Ⅲ. 因机房环境恶劣，空调损坏导致服务器风扇损坏，致使服务器 CPU 烧毁

Ⅳ. 由于数据库服务器电源故障导致服务器无法上电启动

Ⅴ. 因数据库服务器内存发生硬件故障，导致系统无法正常运行

以上故障中，不属于介质故障（硬故障）的是（　　）。

A）仅Ⅱ　　B）仅Ⅱ、Ⅳ和Ⅴ

C）仅Ⅰ、Ⅱ和Ⅳ　　D）仅Ⅱ、Ⅲ、Ⅳ和Ⅴ

22. 若数据库只包含成功事务提交的结果，则此数据库就称为（　　）状态。

A）安全　　B）一致　　C）不一致　　D）不安全

23. 数据库在运行过程中，由于硬件故障、数据库软件及操作系统的漏洞、突然断电等情况，导致系统停止运转，所有在运行的事务以非正常的方式终止。需要系统重新启动的一类故障称为（　　）。

A）系统故障　　B）事务内部故障　　C）介质故障　　D 计算机病毒故障

24. 数据库系统可能出现下列故障：

Ⅰ. 事务执行过程之中发生运算溢出

Ⅱ. 某并发事务因发生死锁而被撤销

Ⅲ. 磁盘物理损坏

Ⅳ. 系统突然发生停电事务

Ⅴ. 操作系统因被病毒攻击而突然重启

以上故障属于系统故障（软故障）的是（　　）。

A）Ⅰ、Ⅱ、Ⅳ和Ⅴ　　B）Ⅳ和Ⅴ

C）Ⅰ、Ⅲ、Ⅳ和Ⅴ　　D）Ⅲ和Ⅳ

25. 对数据库中的数据进行及时转储是保证数据安全可靠的重要手段。下列关于静态转储和动态转储的说法，正确的是（　　）。

A）静态转储过程中数据库系统不能运行其他事务，不允许在转储期间执行数据插入、修改和删除操作

B）静态转储必须依赖数据库日志才能保证数据的一致性和有效性

C）动态转储需要等待正在运行的事务结束后才能开始

D）对一个 24 小时都有业务发生的业务系统来说，比较适合采用静态转储技术

26. 对于数据库系统中的数据的静态转储的动态转储机制，下述说法中正确的是（　　）。

A）静态转储时允许其他事务访问数据库

B）动态转储时允许在转储过程中其他事务对数据进行存取和修改

C）静态转储能够保证数据库的可用性

D）动态转储无法保证数据库的可用性

27. 有关动态增量备份的描述，正确的是（　　）。

A）动态增量备份过程不允许外部事务程序访问数据库

B）动态增量备份会备出全部数据库

C）动态增量备份装载后数据库即处于一致性状态

D）动态增量备份宜在事务不繁忙时进行

28. 只复制上次备份后发生变化的文件的数据转储机制是（　　）。

A）完全存储　　B）增量存储　　C）差量存储　　D）局部转储

29. 日志文件是数据库系统出现故障以后，保证数据正确、一致的重要机制之一。下列关于日志文件说法错误的是（　　）。

A）日志的登记顺序必须严格按照事务执行的时间次序进行

B）为了保证发生故障时能正确地恢复数据，必须保证先写数据库后写日志

C）检查点记录是日志文件的一种记录，用于改善恢复效率

D）事务故障恢复和系统故障恢复都必须使用日志文件

30. 以下关于日志文件的叙述，错误的是（　　）。

A）日志文件都是以记录为单位的

B）事务故障恢复和系统故障恢复都必须使用日志文件

C）在动态转储方式中必须建立日志文件

D）在静态转储方式中，也可以建立日志文件

31. 日志文件对实现数据库系统故障的恢复有非常重要的作用。下列关于数据库系统日志文件的说法，正确的是（　　）。

A）数据库系统不要求日志的写入顺序必须与并行事务执行的时间次序一致

B）为了保证数据库是可恢复的，必须严格保证先写数据库后写日志

C）日志文件中检查点记录的主要作用是提高系统出现故障后的恢复效率

D）系统故障恢复必须使用日志文件以保证数据库重启时能正常恢复，事务故障恢复不一定需要使用日志文件

32. 日志文件主要用于记录（　　）。

A）程序运行过程　　B）数据操作

C）对数据的所有更新操作　　D）程序执行的结果

33. 恢复和并发控制的基本单位是（　　）。

A）事务　　B）数据冗余　　C）日志文件　　D）数据转储

34. 数据库恢复技术的基本策略是数据冗余，被转储的冗余数据包括（　　）。

A）日志文件和数据库副本

B）应用程序和数据库副本

C）数据字典、日志文件和数据库副本

D）应用程序、数据字典、日志文件和数据库副本

35. 恢复数据库的顺序为（　　）。

① 恢复最近的完全数据库备份

② 恢复完全备份之后的最近的差异数据库备份（如果有的话）

③ 按日志备份的先后顺序恢复自最近的完全或差异数据库备份之后的所有日志备份

A）①②③　　B）③①②　　C）①③②　　D）②①③

36. 数据库权限包括（　　）。

Ⅰ. 对DBMS进行维护的权限

Ⅱ. 创建、删除和修改数据库对象

Ⅲ. 对数据库数据的操作权限

A）仅Ⅰ、Ⅱ　B）仅Ⅰ、Ⅲ　C）仅Ⅱ、Ⅲ　D）Ⅰ、Ⅱ和Ⅲ

37. 混合验证模式是指（　　）。

A）非 Windows 身份验证

B）SQL Server 接受 Windows 授权用户

C）SQL 授权用户

D）SQL Server 接受 Windows 授权用户和 SQL 授权用户

38. 以下不是系统内置登录账户的是（　　）。

A）BUILTIN\Administrators　B）Sa

C）域名\Administrator　D）Root

39. 允许取空值但不允许出现重复值的约束是（　　）。

A）NULL　B）UNIQUE　C）PRIMARY KEY　D）FOREIGN KEY

40. 不属于安全性控制机制的是（　　）。

A）视图　B）完整性约束　C）密码验证　D）用户授权

41. 在 SQL Server 2000 中，Userl 是销售数据库中的用户，并只是被授予销售明细表数据的删除权限，则 Userl 用户在该数据库中能够执行的操作是（　　）。

A）删除销售明细表中的全部数据　B）删除销售明细表中的指定数据

C）查询销售明细表中的全部数据　D）以上操作都可以

42. SQL Server 2000 中，如果希望用户 u1 在 DB1 数据库中具有查询 T1 表的权限，正确的授权语句是（　　）。

A）GRANT SELECT ON DB1(T1) TO u1　B）GRANT SELECT TO u1 ON DB1(T1)

C）GRANT SELECT TO u1 ON T1　D）GRANT SELECT ON T1 TO u1

43. 在 SQL Server 2000 的某个数据库中，设 U1 用户是 R1 角色中的成员，现已授予 R1 角色对于 T 表有 SELECT 和 DENY UPDATE 权限，同时授予了 U1 用户对 T 表具有 INSERT 和 UPDATE 权限，则 U1 用户最终对 T 表具有权限的是（　　）。

A）SELECT 和 INSERT　B）INSERT 和 UPDATE

C）SELECT、INSERT 和 UPDATE　D）INSERT

44. 在 Transact-SQL 语句中，用于收回权限的语句是（　　）。

A）GRANT　B）BACK　C）REVOKE　D）DENY

45. 在 Transact-SQL 语句中，用于拒绝权限的语句是（　　）。

A）GRANT　B）BACK　C）REVOKE　D）DENY

46. 在 SQL Server 2000 中，关于 dbcreator 角色，下列说法正确的是（　　）。

A）该角色是 SQL Server 系统提供的服务器级角色

B）该角色是 SQL Server 系统提供的数据库级角色

C）该角色是系统管理员定义的服务器级角色

D）该角色是系统管理员定义的数据库级角色

47. 在 SQL Server 2000 中，某数据库中有角色 R1 和用户 U1，U1 是 R1 角色的成员，且只属于该角色。先对 T 表给 R1 只授予 SELECT 和 DELETE 权限，并授予 U1 对 T 表具有 SELECT、UPDAPT 和 DENYDELETE 权限，则用户 U1 对 T 表可以执行的操作是（　　）。

A）查询、删除和更改数据　B）查询和更改数据

C）查询和删除数据　　D）查询和更改表的结构

48. SQL Server 2000 提供了很多预定义的角色，下述关于 public 角色的说法，正确的是（　　）。

A）它是系统提供的服务器级的角色，管理员可以在其中添加和删除成员

B）它是系统提供的数据库级的角色，管理员可以在其中添加和删除成员

C）它是系统提供的服务器级的角色，管理员可以对其进行授权

D）它是系统提供的数据库级的角色，管理员可以对其进行授权

49. 以下关于角色叙述不正确的是（　　）。

A）角色是数据库中具有相同权限的一组用户

B）角色分为系统预定义的固定角色和用户根据自己的需要定义的用户角色

C）系统角色又根据其作用范围的不同分为固定的服务器角色和固定的数据库角色

D）用户角色是为具体的数据库设置的

50. 在 SQL Server 2000 中，为确保数据库系统能可靠地运行，不仅要考虑用户数据库的备份，也要考虑系统数据库（不考虑 tempdb）的备份。关于系统数据库的备份策略，下列做法中最合理的是（　　）。

A）每天备份一次系统数据库

B）每当用户进行数据更改操作时，备份系统数据库

C）每当用户操作影响了系统数据库内容时，备份系统数据库

D）备份用户数据库的同时备份系统数据库

51. 在 SQL Server 2000 中常用的数据库备份方法有完全备份、差异备份和日志备份。为保证某数据库的可靠性，需要综合采用这三种方法对该数据库进行备份。下列说法正确的是（　　）。

A）这三种备份操作周期都必须一样，并且都必须备份在同一备份设备上

B）这三种备份操作周期都必须一样，但可以备份在不同的备份设备上

C）这三种备份操作周期可以不一样，但必须备份在同一备份设备上

D）这三种备份操作周期可以不一样，并且可以备份在不同的备份设备上

52. 对于 SQL Server 2000 采用的备份和恢复机制，下列说法正确的是（　　）。

A）在备份和恢复数据库时用户都不能访问数据库

B）在备份和恢复数据库时用户都可以访问数据库

C）在备份时对数据库访问没有限制，但是在恢复时只有系统管理员可以访问数据库

D）在备份时对数据库访问没有限制，但是在恢复时任何人都不能访问数据库

53. 在 SQL Server 2000 中，通过构建永久备份设备可以对数据库进行备份。下列说法正确的是（　　）。

A）不需要指定备份设备的大小

B）一个数据库一次只能备份在一个设备上

C）每个备份设备都是专属于一个数据库的

D）只能将备份设备建立在磁盘上

二、填空题

1. 如果一组操作序列要么全做，要么全不做，是不可分割的，则该操作序列需要定义为一个__________。

2. 一个事务应该以语句____________________开始。

3．事务是由一系列操作组成的，事务的执行表现为事务中各个操作的执行，每个事务应具有结束操作。当一个事务需要终止并取消所有已执行的数据修改时，应执行的语句是__________。

4．某事务从账户 A 转出资金并向账户 B 转入资金，此操作要么全做，要么全不做。为了保证该操作的完整，需要利用到事务性质中的__________性。

5．在数据库系统出现系统故障后进行恢复时，对于事务 T，如果日志文件中有 BEGIN TRANSACTION 记录，而没有 COMMIT 或 ROLLBACK 记录，则数据库管理系统处理这种事务时应执行的操作是__________。

6．事务的 ACID 特性可能遭到破坏的因素有：____________________、____________________。

7．当一个事务开始执行后，事务进入__________状态。

8．数据库可能出现的故障中，__________故障发生的可能性很小，但一旦发生破坏性极大。

9．故障对数据库的影响分为两种：一是数据库本身被破坏；二是________________________。

10．数据库恢复的基本原理是使用__________来实现的。

11．用来记录事务对数据库更新操作的文件是__________文件。

12．登记日志文件的原则是____________________。

13．并发操作带来的 3 类不一致问题是____________________、不可重复读和读“脏”数据。

14．通常的封锁类型有__________和__________。

15．数据库的__________是指数据的正确性和相容性。

16．SQL Server 2000 中，唯一性约束使用关键字_______实现，主键约束使用关键字_______实现。

17．数据库的________是指保护数据库以防止非法用户的使用而造成的数据泄露、更改和破坏。

18．在 SQL Server 2000 中，某数据库用户 User 在此数据库中具有对 T 表数据的查询和更改权限。现要收回 User 对 T 表的数据更改权限，下面是实现该功能的语句，请补全语句。

__________ UPDATE ON T FROM User

三、简答题

1．为什么事务非正常结束时会影响数据库数据的正确性？请列举一例说明之。

2．为什么要在数据库中采用并发控制？并发控制技术能够保证事务的哪些特征？

3．数据库中为什么要有恢复子系统？它的功能是什么？

4．DBS 中有哪些类型的故障？哪些故障破坏了数据库？哪些故障未破坏数据库，但使其中某些数据变得不正确？

5．什么是数据库的恢复？恢复的基本原则是什么？恢复是如何实现的？

6．数据库转储的意义是什么？试比较各种数据转储方法。

7．什么是日志文件？为什么要设立日志文件？

8．登记日志文件时为什么必须先写日志文件，后写数据库？

9．关系数据库系统中，当操作违反实体完整性、参照完整性和用户自定义完整性约束条件时，一般是如何分别进行处理的？

10．数据库安全性和计算机系统的安全性有什么关系？

11．试述实现数据库安全性控制的常用方法和技术。

12．SQL 语言中提供了哪些数据控制（自主存取控制）语句？请试举几例说明它们的使用方法。

四、综合题

有两个关系模式：

职工（职工号，姓名，年龄，职务，工资，部门号），其中职工号为主码。

部门（部门号，名称，经理名，地址，电话号码），其中部门号是主码。

请用 SQL 语言定义这两个关系数据模式，要求在关系模式中完成如下完整性约束条件：

（1）定义每个关系模式的主码；

（2）定义参照完整性；

（3）定义职工的年龄不得超过 60 岁。

6.3 习题参考答案

一、选择题

1. D　2. A　3. C　4. A　5. D　6. D　7. D　8. B　9. B
10. C　11. D　12. D　13. B　14. C　15. B　16. C　17. B　18. A
19. D　20. A　21. D　22. B　23. A　24. B　25. A　26. B　27. D
28. B　29. B　30. A　31. C　32. C　33. A　34. A　35. A　36. D
37. D　38. D　39. B　40. B　41. D　42. D　43. A　44. C　45. D
46. A　47. B　48. D　49. D　50. C　51. D　52. D　53. A

二、填空题

1．事务
2．BEGIN TRANSACTION
3．ROLLBACK
4．原子
5．UNDO
6．多个事务并行运行时，不同事务的操作交叉执行、事务在运行过程中被强行停止
7．活动
8．介质
9．数据库未被破坏，但数据可能不正确
10．数据冗余
11．日志
12．先写日志文件
13．丢失修改
14．排他锁、共享锁
15．完整性
16．UNIQUE、PRIMARY KEY
17．安全性
18．REVOKE

三、问答题

1．事务执行的结果必须是使数据库从一个一致性状态变到另一个一致性状态。如果数据库系统运行中发生故障，有些事务尚未完成就被迫中断，这些未完成事务对数据库所做的修改有一部分已写入物理数据库，这时数据库就处于一种不正确的状态，或者说是不一致的状态。

例如某工厂的库存管理系统中，要从仓库 1 中的某种零件（数量为 Q1）搬运 Q 个到仓库 2（数量原有 Q2）存放。则可以定义一个事务 T，T 包括两个操作：Q1 = Q1−Q，Q2 = Q2 + Q。如果 T 非正常终止时只做了第一个操作，则数据库就处于不一致性状态，仓库 1 中的库存量就无缘无故少了 Q。

2．数据库是共享资源，通常有许多个事务同时在运行。当多个事务并发地存取数据库时就会产生同时读取或修改同一数据的情况。若对并发操作不加控制就可能会存取和存储不正确的数据，破坏数据库的一致性。所以数据库管理系统必须提供并发控制机制。

并发控制可以保证事务的一致性和隔离性，保证数据库的一致性。

3．因为计算机系统中硬件的故障、软件的错误、操作员的失误以及恶意的破坏是不可避免的，这些故障轻则造成运行事务非正常中断，影响数据库中数据的正确性，重则破坏数据库，使数据库中全部或部分数据丢失，因此必须要有恢复子系统。

恢复子系统的功能是：把数据库从错误状态恢复到某一已知的正确状态（亦称为一致性状态或完整状态）。

4．数据库系统中常见的故障有很多，通常造成数据库中数据损坏的故障有以下几种：事务故障、系统故障、介质故障。

事务故障又可分为非预期的事务故障和可以预期的事务故障。这类故障可以通过事务恢复数据库的正常状态。

系统故障会引起内存信息丢失，但未破坏外存中的数据，从而造成数据库可能处于不正确的状态。可以在系统重新启动时，让所有非正常终止的事务滚回，把数据库恢复为正常状态。

介质故障通常称为硬故障。这类故障将破坏数据库，并影响正在存取这部分数据的所有事务。此时，只能把其他备份磁盘或第三级介质中的内容再复制过来。

5．在数据库系统投入运行后，就可能会出现各式各样的故障，即数据库被破坏或数据不正确。作为 DBMS，应能把数据库从被破坏后不正确的状态，恢复到最近的一个正确状态，这个过程称为“恢复”的过程。DBMS 的这种能力称为可恢复性。

恢复的基本原则就是“冗余”，即数据库重新存储。

数据库恢复可用以下方法实现：

（1）周期性的对整个数据库进行复制，或转储到磁盘一类的存储介质中。

（2）建立“日志”文件，对于数据库的每次插入、删除或修改，都要记下改变前后的值，写到“日志”文件中，以便有案可查。

（3）一旦发生数据故障，则分两种情况处理：

① 如数据库已被破坏，如磁头脱落，磁盘损坏等，这时数据库已不能用了，就要装入最近一次拷贝的数据库，然后利用“日志”文件执行“重做”操作，将这两个数据库状态之间的所有修改重做一遍。这样就建立了新的数据库，同时也没丢失对数据库的更新操作。

② 如数据库未被破坏，但某些数据不可靠，受到怀疑，例如程序在修改数据时异常中断，这时不必去拷贝存档的数据库。只要通过“日志”文件执行“撤销”操作，撤销所有不可靠的修改，把数据库恢复到正确的状态。

6．数据转储是数据库恢复中采用的基本技术。所谓转储，即 DBA 定期地将数据库复制到磁带或另一个磁盘上保存起来的过程。当数据库遭到破坏后可以将后备副本重新装入，将数据库恢复到转储时的状态。

静态转储：在系统中无运行事务时进行的转储操作。静态转储简单，但必须等待正运行的用户事务结束才能进行。同样，新的事务必须等待转储结束才能执行。显然，这会降低数据库的可用性。

动态转储：指转储期间允许对数据库进行存取或修改。动态转储可克服静态转储的缺点，它不用等待正在运行的用户事务结束，也不会影响新事务的运行。但是，转储结束时后援副本上的数据并不能保证正确有效。因为转储期间运行的事务可能修改了某些数据，使得后援副本上的数据不是数据库的一致版本。为此，必须把转储期间各事务对数据库的修改活动登记下来，建立日志文件。这样，后援副本加上日志文件就能得到数据库某一时刻的正确状态。

转储还可以分为海量转储和增量转储两种方式。海量转储是指每次转储全部数据库。增量转储则指每次只转储上一次转储后更新过的数据。从恢复角度看，使用海量转储得到的后备副本进行恢复一般说来更简单些。但如果数据库很大，事务处理又十分频繁，则增量转储方式更实用、更有效。

7．日志文件是用来记录事务对数据库的更新操作的文件。设立日志文件的目的是：进行事务故障恢复；进行系统故障恢复；协助后备副本进行介质故障恢复。

8．把对数据的修改写到数据库中和把表示这个修改的日志记录写到日志文件中是两个不同的操作。有可能在这两个操作之间发生故障，即这两个写操作只完成了一个。

如果先写了数据库修改，而在运行记录中没有登记这个修改，则以后就无法恢复这个修改了。如果先写日志，但没有修改数据库，在恢复时只不过是多执行一次 UNDO 操作，并不会影响数据库的正确性。所以一定要先写日志文件，即首先把日志记录写到日志文件中，然后写数据库的修改。

9．对于违反实体完整性和用户自定义完整性的操作，一般都采用拒绝执行的方式进行处理。而对于违反参照完整性的操作，并不都是简单地拒绝执行，有时要根据应用语义执行一些附加的操作，以保证数据库的正确性。

10．数据库安全性和计算机系统的安全性是紧密联系、相互支持的。计算机系统的安全性是指为计算机系统建立和采取的各种安全保护措施，以保护计算机系统中的硬件、软件及数据，防止其因偶然或恶意的原因使系统遭到破坏，数据遭到更改或泄露。

11．实现数据库安全性控制的常用方法和技术有：

（1）用户标识和鉴别：该方法由系统提供一定的方式让用户标识自己的名字或身份。每次用户要求进入系统时，由系统进行核对，通过鉴定后才提供系统的使用权。

（2）存取控制：通过用户权限定义和合法权限检查确保只有合法权限的用户访问数据库，所有未被授权的人员无法存取数据。

（3）视图机制：为不同的用户定义视图，通过视图机制把要保密的数据对无权存取的用户隐藏起来，从而自动地对数据提供一定程度的安全保护。

（4）审计：建立审计日志，把用户对数据库的所有操作自动记录下来放入审计日志中，DBA 可以利用审计跟踪的信息，重现导致数据库现有状况的一系列事件，找出非法存取数据的人、时间和内容等。

（5）数据加密：对存储和传输的数据进行加密处理，从而使得不知道解密算法的人无法获知数据的内容。

12．SQL 中的自主存取控制是通过 GRANT 语句和 REVOKE 语句来实现的。如：

```
GRANT SELECT, INSERT ON Student
TO 王平
WITH GRANT OPTION;
```

表示将 Student 表的 SELECT 和 INSERT 权限授予了用户王平，后面的“WITH GRANT OPTION”子句表示用户王平同时也获得了“授权”的权限，即可以把得到的权限继续授予其他用户。

```
REVOKE INSERT ON Student FROM 王平 CASCADE;
```

表示将 Student 表的 INSERT 权限从用户王平处收回，选项 CASCADE 表示，如果用户王平将 Student 的 INSERT 权限又转授给了其他用户，那么这些权限也将从其他用户处收回。

四、综合题

```
CREATE TABLE 职工
(职工号 CHAR(10),
姓名 VARCHAR(20),
年龄 INT,
职务 VARCHAR(20),
工资 FLOAT,
部门号 INT,
PRIMARY KEY(职工号),
FOREIGN KEY(部门号),
CHECK(AGE<=60));
CREATE TABLE 部门
(部门号 INT,
名称 VARCHAR(20),
经理名 VARCHAR(20),
地址 VARCHAR(50),
电话号码 VARCHAR(30),
PRIMARY KEY(部门号));
```

6.4　主教材习题参考答案

一、选择题

1. A　2. D　3. D　4. D　5. B　6. D　7. C

二、填空题

1. 原子性、一致性、隔离性、持续性、ACID
2. 软故障、硬故障
3. 静态、动态
4. 丢失修改、不可重复读、读“脏”数据
5. 自主存取控制、强制存取控制
6. 实体完整性约束、参照完整性约束、用户自定义完整性约束

三、简答题

1. 事务：事务是用户所定义的一个数据库操作序列，这些操作要么全做，要么全不做，是不可分割的。

数据库的可恢复性：数据库管理系统具有的能够在数据库出现故障时从不正确的状态恢复到最近一个正确的状态的功能。

X 锁：即排他锁（Exclusive Locks），又称为写锁。若事务 T 对数据对象 d 加上 X 锁，则只允许 T 读取和修改 d，其他任何事务都不能再对 d 加任何类型的锁，直到 T 释放 d 上的 X 锁。

S 锁：即共享锁（Share Locks），又称为读锁。若事务 T 对数据对象 d 加上 S 锁，则事务 T 可以读 d 但不能修改 d，其他事务只能再对 d 加 S 锁，而不能加 X 锁，直到 T 释放 d 上的 S 锁。

数据库的安全性：是指保护数据库以防止非法使用所造成的数据泄露、更改或破坏。可以采取设置用户权限、存取控制、数据加密等措施提高数据库的安全性。

授权：即定义数据库用户在指定数据对象上具有何种操作权限的过程。

2．事务是用户所定义的一个数据库操作序列，这些操作要么全做，要么全不做，是不可分割的。

事务具有 4 个特性：原子性（Atomicity）、一致性（Consistency）、隔离性（Isolation）和持续性（Durability）。这 4 个特性简称为事务的 ACID 特性。

原子性：事务是数据库操作的逻辑单位，事务中的所有操作要么全做，要么全不做。保证原子性是数据库系统本身的职责，由 DBMS 的事务管理子系统来实现。

一致性：事务执行的结果必须是使数据库从一个一致性状态转换到另一个一致性状态，即数据不会因为事务的执行而遭到破坏。确保单个事务的一致性是编写事务的应用程序员的职责。在系统运行时，由 DBMS 的完整性子系统执行测试任务。

隔离性：一个事务的执行不能被其他事务干扰，即一个事务内部的操作及使用的数据对其他并发事务是隔离的，并发执行的各个事务之间不能互相干扰。事务的隔离性是由 DBMS 的并发控制子系统实现的。

持续性：也称永久性，指一个事务一旦提交，它对数据库中数据的改变就应该是永久性的，接下来的其他操作或故障不应该对其执行结果有任何影响。

3．事务通常以 BEGIN TRANSACTION 语句开始，以 COMMIT 或 ROLLBACK 结束。COMMIT 表示提交，即提交事务的所有操作，将事务中所有对数据库的更新写回到磁盘上的物理数据库中，事务正常结束。ROLLBACK 表示回滚，即在事务运行的过程中发生了某种故障，事务不断继续执行，系统将事务中对数据库的所有已完成的更新操作全部撤销，回滚到事务开始时的状态。

4．① 事务内部的故障。有的是可以通过事务本身发现的，有的是非预期的，不能由事务本身处理，如运算溢出等。

② 系统故障。造成系统停止运行的任何事件，使得系统需要重新启动。系统故障又称为软故障，如 CPU 故障、操作系统故障、停电等。这类故障影响正在运行的所有事务，但是不破坏数据库，可能造成数据库处于不正确状态。

③ 介质故障。又称为硬故障，指外存故障，即存放物理数据库的存储设备发生不可预知的故障。这类故障将破坏整个数据库或部分数据库，并影响正在存储这部分数据的所有事务。此类故障比前两种故障发生的概率小，但是一旦发生，破坏性极大。

④ 计算机病毒。计算机病毒是一种人为的故障或破坏，是一些恶作剧者研制的一种计算机程序。数据库一旦被病毒破坏，需要用恢复技术将数据库恢复。

5．① 事务故障的恢复：由恢复子系统利用日志文件撤销（UNDO）此事务已对数据库进行的修改。事务故障的恢复由系统自动完成，对用户是透明的，不需要用户干预。

② 系统故障的恢复：系统故障可能会造成数据库处于不一致的状态，主要体现在两个方面：一是未完成事务对数据库的更新已写入数据库；二是已提交事务对数据库的更新还留在缓冲区没来得及写入数据库。恢复方法：UNDO 故障发生时未完成的事务；REDO 已完成的事务。系统故障的恢复由系统在重新启动时自动完成，不需要用户干预。

③ 介质故障的恢复：这是最严重的一种故障，恢复方法是重装数据库，重做已完成的事务。

④ 计算机病毒故障恢复：先扫描，杀毒，然后用数据库恢复技术将数据库恢复。

6．并发操作所带来的数据不一致问题包括 3 类：丢失修改、不可重复读和读“脏”数据。

① 丢失修改（Lost Update）：两个事务T1和T2读入同一数据并修改，T2提交的结果破坏（覆盖）了T1提交的结果，导致T1的修改被丢失。

② 不可重复读（Non-Repeatable Read）：事务T1读取数据后，事务T2执行更新操作，使T1无法再现前一次的读取结果。

③ 读“脏”数据（Dirty Read）：读“脏”数据是指事务T1修改某一数据，并将其写回磁盘，事务T2读取同一数据后，T1由于某种原因被撤销，这时T1已修改过的数据恢复原值，T2读到的数据就与数据库中的数据不一致，称为“脏”数据，即不正确的数据。

避免不一致性的方法和技术就是并发控制，最常用的技术是封锁技术。

7．所谓封锁，就是事务对某个数据对象（如表或记录等）操作之前，先向系统发出请求，对其加锁。加锁后，事务就对该数据对象有了一定的控制权，在事务释放锁之前，其他事务不能更新此数据对象。

8．排他锁（Exclusive Locks，X锁），又称为写锁。若事务T对数据对象d加上X锁，则只允许T读取和修改d，其他任何事务都不能再对d加任何类型的锁，直到T释放d上的X锁。

共享锁（Share Locks，S锁），又称为读锁。若事务T对数据对象d加上S锁，则事务T可以读d但不能修改d，其他事务只能再对d加S锁，而不能加X锁，直到T释放d上的S锁。

9．数据库的完整性是指数据的正确性和相容性。数据的正确性是指数据的合法性和有效性。数据的相容性是指表示同一含义的数据虽在不同位置但值应相同。

10．数据的完整性和安全性是两个不同的概念，但是它们存在一定的联系。数据库的完整性是指数据的正确性和相容性。完整性是为了防止数据库中存在不符合语义的数据，防止错误信息的输入和输出所造成的无效操作和错误结果。数据库的安全性是指指保护数据库以防止非法使用所造成的数据泄露、更改或破坏。也就是说，安全性措施的防范对象是非法用户和非法操作，完整性措施的防范对象是不合语义的数据。

11．完整性控制机制的核心是完整性约束条件。每个完整性约束条件应包含三部分内容：① 什么时候使用约束条件进行完整性检查；② 要检查什么样的问题或错误；③ 如果检查出错误，系统应该怎样处理。

DBMS 提供实体完整性规则、参照完整性规则及用户自定义完整性规则来保证数据库的完整性。SQL Server 2000把完整性约束分为3类：实体完整性约束、参照完整性约束和用户自定义的完整性约束。

实体完整性约束由主关键字约束（primary key）和唯一性约束（unique）实现，用于保证表中的每个数据行唯一，并防止用户往表中输入重复的数据行。

参照完整性约束由外关键字（foreign key）实现，用于保证表中的数据引用时，防止不正确的数据更新。

用户自定义完整性由非空约束（not null）、默认值约束（default）和检查约束（check）实现，用于限制用户输入的数据必须满足预先设置的条件。

12．所谓权限，是指用户或应用程序使用数据库的方式。在DBS中，对于数据库操作的权限有以下几种：读Read，插入Insert，修改Update，删除Delete。系统还提供给用户或应用程序修改数据库模式的操作权限，主要有下列几种：索引Index，资源Resource，修改Alteration，撤销Drop。

13．用户的权限是由DBA授予的，同时允许用户将已获得的权限转授给其他用户，也允许把已授给其他用户的权限回收，但前提条件是DBA在授予该用户权限时赋予其转授（即传递权限）的能力。

14．计算机系统的安全性是指为计算机系统建立和采取的各种安全保护措施，以保护计算机系统的硬件、软件及数据，防止因偶然或恶意的原因使系统遭到破坏，以及数据遭到更改或泄露等。计算机系统的安全性包括数据库的安全性、操作系统及网络系统的安全性。

15．数据库的安全性是指保护数据库以防止非法用户的使用而造成的数据泄露、更改和破坏。实现数据库安全性的控制措施主要有以下几种：

（1）用户标识和鉴别：数据库系统按一定的方式赋予用户标识自己的名字及权限，当用户要求进入系统时，系统对其进行身份验证，通过验证的用户才能进入系统。

（2）存取控制：确保合法的用户访问数据库，所有未被授权的人员无法存取数据。

（3）视图机制：为不同的用户定义视图，通过视图机制把要保密的数据对无权存取的用户隐藏起来，从而自动地对数据提供一定程度的安全保护。

（4）数据加密：对存储和传输的数据进行加密处理，从而使得不知道解密算法的人无法获知数据的内容。

16．主要通过 GRANT 和 REVOKE 语句来实现。格式如下：

```
GRANT <权限列表> ON <数据对象> TO <用户列表> [WITH GRANT OPTION]
REVOKE <权限列表> ON <数据对象> FROM <用户列表>
```

17．数据加密的基本思想是根据一定的加密算法将原始数据（可称为明文）变换为不可被直接识别的格式（可称为密文），从而即使密文被非法用户窃取，但因为不知道解密算法而无法获知数据内容。

四、综合题

定义三个表的 SQL 语句如下：

```
create table 读者(
借书证号 varchar(12) primary key,
姓名 varchar(20),
年龄 int,
所在院系 varchar(20));

create table 图书(
图书号 varchar(15) primary key,
书名 varchar(50),
作者 varchar(50),
出版社 varchar(30),
价格 float check(价格<=120));

create table 借阅(
借书证号 varchar(12),
图书号 varchar(15),
借阅日期 datetime,
primary key(借书证号, 图书号),
foreign key (借书证号) references 读者(借书证号),
foreign key (图书号) references 图书(图书号));
```

第7章　数据库新技术及国产数据库介绍

通过本章的学习，了解数据库技术的发展状况，了解面向对象数据库系统、分布式数据库、主动数据库技术、并行数据库技术、数据仓库及数据挖掘技术等相关的知识。掌握金仓和达梦这两款国产数据库的相关知识。

7.1　知 识 要 点

1．数据库技术的发展

数据库技术最初产生于20世纪60年代中期，根据数据模型的发展，可以划分为这样几个阶段：第一代的网状、层次数据库系统；第二代的关系数据库系统；第三代的以面向对象模型为主要特征的数据库系统。

（1）面向对象数据库系统介绍

面向对象数据库系统是数据库技术与面向对象程序设计方法相结合的产物。面向对象的程序设计方法使用面向对象程序设计语言可以更好地描述客观事物以及事物之间的联系，更加清晰地模拟客观现实世界。面向对象模型涉及如下几个基本概念：① 对象及对象标识；② 封装；③ 类；④ 继承。

（2）分布式数据库技术介绍

分布式数据库系统是分布式网络技术与数据库技术相结合的产物，是分布在计算机网络上的多个逻辑相关的数据库的集合。分布式数据库系统是指物理上分散而逻辑上统一的数据库系统，系统中的数据分散存放在各个不同场地的计算机中，每一个场地中的子系统具有自治能力，可以实现局部应用，而每一个场地中的子系统通过网络参与全局应用。

分布式数据库系统的主要特点：

① 数据的物理分布性；② 数据的逻辑统一性；③ 数据的分布独立性；④ 数据冗余及冗余透明性。

（3）主动数据库技术介绍

主动数据库是相对于传统的数据库被动性而言的。主动数据库通常采用的方法是在传统数据库系统中嵌入ECA（即事件-条件-动作）规则，在某一事件发生时引发数据库管理系统去检测数据库当前状态，看是否满足设定的条件，若条件满足，便触发规定动作的执行。

（4）并行数据库技术介绍

并行数据库系统是在并行机上运行的具有并行处理能力的数据库系统。并行数据库系统是数据库技术与并行计算技术相结合的产物。一般，一个并行数据库系统可以实现如下目标：

① 高性能；② 高安全性；③ 可扩充性。

（5）数据仓库及数据挖掘技术

数据仓库是一个面向主题的、集成的、相对稳定的、反映历史变化的数据集合，用于支持管理决策。

联机事务处理是指操作人员和底层管理人员利用计算机网络对数据库中的数据实现查询、删除、更新等操作，完成事务处理工作。

联机分析处理是指决策人员和高层管理人员对数据仓库进行信息分析处理。

数据挖掘是指从大型数据库或数据仓库中发现并提取隐藏内在信息的一种新技术，目的是帮助决策者寻找数据间潜在的关联，发现被忽略的要素，它们对预测趋势、决策行为也许是十分有用的信息。

2．国产数据库介绍

（1）金仓数据库管理系统

金仓数据库管理系统（简称 KingbaseES）是北京人大金仓信息技术有限公司开发的通用关系型数据库管理系统。KingbaseES 是一个跨越多种软件及硬件平台、具有大型数据管理能力、高效稳定的数据库管理系统。

（2）达梦数据库管理系统

达梦数据库管理系统（简称 DM）是武汉华工达梦数据库有限公司完全自主开发的新一代高性能关系数据库管理系统，它具有开放的、可扩展的体系结构，高性能事务处理能力及低廉的维护成本。

7.2 习　　题

一、选择题

1．随着数据库技术的发展，第二代数据库系统的主要特征是支持（　　）数据模型。

A）层次　　B）网状　　C）关系　　D）面向对象

2．数据库技术与并行处理技术相结合，出现了（　　）。

A）分布式数据库系统　　B）并行数据库系统

C）主动数据库系统　　D）多媒体数据库系统

3．数据库技术与分布式处理技术相结合，出现了（　　）。

A）分布式数据库系统　　B）并行数据库系统

C）主动数据库系统　　D）多媒体数据库系统

4．关于分布式数据库系统和并行数据库系统，下列说法正确的是（　　）。

A）分布式数据库系统的目标是利用多处理机结点并行地完成数据库任务以提高数据库系统的整体性能

B）并行数据库系统的目的主要在于实现场地自治和数据全局透明共享

C）并行数据库系统经常采用负载平衡方法提高数据库系统的业务吞吐率

D）分布式数据库系统中，不存在全局应用和局部应用的概念，各结点完全不独立，各个结点需要协同工作

5．分布式数据库是数据库技术和（　　）技术结合的产物。

A）面向对象　　B）计算机网络　　C）数据挖掘　　D）数据分布

6．分布式数据库系统的数据（　　）。

A）逻辑上分散，物理上统一　　B）物理上分散，逻辑上统一

C）逻辑上和物理上都统一　　D）逻辑上和物理上都分散

7．以下属于典型的面向对象数据库系统的是（　　）。

① ObjectStore　　② Ontos　　③ O2　　④ SQL Server

A）①②③　　B）①③④　　C）①②④　　D）①②③④

8．数据仓库的主要特性包括（　　）。

① 面向主题　　② 集成　　③ 相对稳定　　④ 反映历史变化

A）①②③　　　B）②③④　　　C）①②④　　　D）①②③④

9．数据挖掘的目的在于（　　）。

A）从已知的大量数据中统计出详细的数据

B）从已知的大量数据中发现潜在的规则

C）对大量数据进行归类整理

D）对大量数据进行汇总统计

10．以下关于数据仓库的特性，正确的是（　　）。

A）面向主题的特性是指在组织数据仓库时，需要将各种分析需求归类并抽象，形成相应的分析应用主题，并根据分析应用主题的数据需求设计和组织数据

B）集成特性是指需要将业务系统中的所有数据抽取出来，载入到数据仓库中

C）集成特性是指需要将企业整个架构中的各种数据和应用集中到数据仓库中

D）反映历史变化性是指数据仓库中的每个数据单元一般都有时间标志，且其中各种数据（包括原始数据）会随着时间变化被经常修改

二、填空题

1．__________是分布式网络技术与数据库技术相结合的产物，是分布在计算机网络上的多个逻辑相关的数据库的集合。

2．__________是数据库管理技术与并行处理技术相结合的产物。

3．__________是一个面向主题的、集成的、相对稳定的、反映历史变化的数据集合，用于支持管理决策。

4．分布式数据库系统的 4 个主要特点是__________、__________、__________和__________。

5．__________是主动数据库研究中的一个重要问题，是设计各种算法和选择体系结构时应主要考虑的设计目标。

6．一般，一个并行数据库系统可以实现__________、__________和__________的目标。

7．__________是指决策人员和高层管理人员对数据仓库进行信息分析处理。

8．__________是指从大型数据库或数据仓库中发现并提取隐藏内存信息的一种新技术。

9．从硬件结构来看，根据处理机与磁盘及内存的相互关系，可以将并行数据库系统分为 3 种基本的体系结构：__________结构、__________结构和__________结构。

10．说出目前两种比较有代表性的国产数据库管理系统：__________和__________。

7.3　习题参考答案

一、选择题

1．C　2．B　3．A　4．C　5．B　6．B　7．A　8．D　9．B　10．A

二、填空题

1．分布式数据库系统

2．并行数据库系统

3．数据仓库

4．数据的物理分布性 、数据的逻辑统一性、数据的分布独立性、数据冗余及冗余透明性
5．系统效率
6．高性能、高安全性、可扩充性
7．联机分析处理
8．数据挖掘
9．共享内存、共享磁盘、无共享资源
10．金仓数据库管理系统、达梦数据库管理系统

7.4 主教材习题参考答案

一、选择题

1．C　　2．B　　3．A

二、填空题

1．分布式数据库系统
2．并行数据库系统
3．数据仓库
4．数据的物理分布性、数据的逻辑统一性、数据的分布独立性、数据冗余及冗余透明性

三、简答题

1．对象：现在世界中存在的客观实体进行一定的抽象后可称为对象。

封装：每一个对象是一组属性和方法的集合，封装就是将对象的属性和方法相结合，形成一个有机的整体，达到隐藏对象的属性和实现细节的目的，仅通过对外公开的接口与外界交流。

类：很多对象具有公共的属性和方法，这些对象构成了一个对象集合，称之为类。类是对对象的描述，而对象是类的实例。

继承：是指一个对象直接使用另一对象的属性和方法。

2．现状：起步晚，底子薄，国外厂商的技术垄断，相关人才稀缺，在一些关键性能上有所欠缺。

发展策略：加大投入，国家专项资金支持，政策上予以支持和指导，培养相关人才，整合资源，良性竞争，突破关键应用，如在电子政务、电子党务、能源、军队、民生等事关国家安全战略的领域中使用。

3．可划分为以下几个阶段：

第一代的层次模型数据库系统和网状模型数据库系统。这两种数据库奠定了现代数据库发展的基础。

第二代的关系数据库系统主要特征是支持关系数据模型。目前占据了数据库市场的主流地位。

第三代的数据库以面向对象模型为主要特征。

4．具体体现在以下方面：

（1）客观世界是由很多具体的事物构成的，并且每个事物都具有两个性质，一为事物的属性，二为事物的行为。在面向对象的程序设计中，将客观世界中的事物抽象为一个个的对象，使用对象的一组数据来描述事物的属性，使用对象的一组方法来表述事物的行为。

（2）面向对象的程序设计中使用“类”这个概念描述一组具有相同属性和方法的对象。

（3）面向对象语言采用继承机制来描述同类事物中的共性与个性的关系。

（4）面向对象语言使用封装机制保护每个对象内部细节不受外界的干扰。

（5）面向对象语言使用消息机制来实现事物之间的联系。

5．ODMG 1.0 标准主要包括以下内容：

（1）主要的数据结构是对象，对象是存储和操作的基本单位；

（2）每个对象都有一个永久的标识符，通过此标识符可以在对象的整个生命周期中标识此对象；

（3）对象可以被指定类型和子类型，对象可以被初始定义为一个给定的类型，或者定义为其他对象的子类型，如果一个对象为另一个对象的子类型，它将继承另一个对象的行为和特性；

（4）对象状态由数据的值及联系定义；

（5）对象行为由对象操作定义。

6．面向对象数据库系统是一个面向对象系统和数据库系统的结合。

7．面向对象技术和数据库技术。

8．分布式数据库系统是分布式网络技术与数据库技术相结合的产物，是分布在计算机网络上的多个逻辑相关的数据库的集合。

9．分布式数据库系统的主要特点：

（1）数据的物理分布性

（2）数据的逻辑统一性

（3）数据的分布独立性

（4）数据冗余及冗余透明性

10．在集中式数据库系统中，所有的工作都是经由一台计算机来完成的。而分散式数据库系统采用数据分散的方法，将数据库分解成若干个，将数据库中的数据分别保存在不同的计算机中，但分散在不同计算机中的数据未实现通信功能。而分布式数据库系统中，虽然数据也是物理上分布在不同的场地中，但通过网络连接，这些数据逻辑上又构成一个统一的整体。

11．局部应用是指只需要访问本地数据库的应用；全局应用是指涉及两个或两个场地以上的数据库的应用。

12．并行数据库系统可以实现如下目标：

（1）高性能

（2）高安全性

（3）可扩充性

13．数据仓库是一个面向主题的、集成的、相对稳定的、反映历史变化的数据集合，用于支持管理决策。其主要特点：

（1）数据仓库是面向主题的；

（2）数据仓库是集成的；

（3）数据仓库是相对稳定的；

（4）数据仓库是反映历史变化的。

14．联机事务处理是指操作人员和底层管理人员利用计算机网络对数据库中的数据实现查询、删除、更新等，完成事务处理工作。

联机分析处理是指决策人员和高层管理人员对数据仓库进行信息分析处理。

15．数据挖掘的目的是帮助决策者寻找数据间潜在的关联，发现被忽略的要素，它们对预测趋势、决策行为也许是十分有用的信息。

四、综合题

主要从系统架构、数据存储、数据控制、数据保护等几方面比较其可靠性、安全性、高性能及易管理性。

参 考 文 献

[1] 马涛．数据库技术及应用（第2版）．北京：电子工业出版社，2010.

[2] 王珊，萨师煊．数据库系统概论（第4版）．北京：高等教育出版社，2006.

[3] 王珊．数据库系统概论（第4版）学习指导与习题解析．北京：高等教育出版社，2008.

[4] 杨海霞．数据库实验指导．北京：人民邮电出版社，2007.

[5] 周屹．数据库原理及开发应用——实验与课程设计指导．北京：清华大学出版社，2008.

[6] 教育部考试中心．全国计算机等级考试二级教程——数据库工程师（2011年版）．北京：高等教育出版社，2010.

[7] 教育部考试中心．全国计算机等级考试三级教程——公共基础知识（2011年版）．北京：高等教育出版社，2010.

[8] 教育部考试中心．全国计算机等级考试四级教程——数据库工程师（2011年版）．北京：高等教育出版社，2010.

[9] 桂颖．从零开始学SQL Server．北京：电子工业出版社，2011.

[10] 王晶．SQL Server 2000管理与应用开发教程．北京：人民邮电出版社，2009.

[11] 黄德才．数据库原理及其应用教程（第2版）．北京：科学出版社，2006.

[12] （美）Abraham Silberschatz, Henry F. Korth，（印度）S. Sudarshan．数据库系统概念（第6版）．杨冬青，李红燕，唐世渭等．北京：机械工业出版社，2012.

[13] Hector Garcia-Molina, Jeffrey D. Ullman, Jennifer Widom. 数据库系统实现（英文版第2版）．北京：机械工业出版社，2010.

[14] Jeffrey D. Ullman, Jennifer Widom. 数据库系统基础教程（英文版第3版）．北京：机械工业出版社，2008.